JN015295

Rが
生産性を高める

データ分析ワークフロー効率化の実践

igjit, atusy, hanaori ［著］

技術評論社

はじめに

これは何のための本か

　単純な作業を繰り返して嫌になったことはありませんか？ Excelで似たような
グラフを何十個も書いたり、そのグラフをWordに順番に貼り付けたり、毎日同
じWebサイトにアクセスして一部分をメモ帳にコピーアンドペーストして編集
したり……。

　分析レポートを作成するために、生データを読み込み、集計してグラフ描画、
それを文書の該当箇所に貼り付けるという典型的な一連の作業を想像してくださ
い。レポートの作成が一度きりなら、使い慣れたExcelでデータを読み込んで集
計してグラフを描画、それをWordに貼り付ける、と手作業で難なく済ませられ
るでしょう。でも元のデータがたびたび更新され、それに追従する必要があると
したらどうでしょう。そのたびに毎回同じ手順、つまり複数回のクリックやドラッ
グアンドドロップ、アプリケーションをまたいだ操作が必要になります。こういっ
た手作業は単純かつ面倒くさく、さらには間違いを起こさないように常に注意す
る必要があります。締め切り直前に元データが最新のものに更新されたとき、あ
なたは一連の手順を間違えることなく短時間で実行できるでしょうか。もしくは
週次、月次など、定期的なレポートを作成するために毎回同じ退屈な手作業をし
てうんざりしていませんか。

　自動化しましょう。単純な作業のいくつかはプログラムを書くことによって何
度でも正確に繰り返すことができます。プログラムは人間とコンピューター双方
が理解できる簡潔な手順書であるとも言えます。単純なテキストなので、作業手
順を保存しておいて後日実行したり、他人と共有したりするのも簡単です。

　自動化に関して身近な例を挙げます。筆者は最近、自宅にロボット掃除機を導
入しました。結果、掃除機をかけるという特に楽しくもない面倒な作業から解放
されました。出かける前にロボット掃除機のスタートボタンを押しておけば、あ
とは外出中に自動で床を掃除してくれます。**作業を自動化すれば、それにかかる
時間を自由に使えるようになるのです。**もちろん自動化を始める際には、調査や
試行錯誤などに時間がかかることがあります。でも、**一度自動化してしまえば、
あとは機械が何回でも同じ作業を正しくこなしてくれます。**退屈な単純作業は機

械にまかせて、人間は人間にしかできないことをしませんか。

　本書では、Rを使ってデータ分析に関する作業を自動化、効率化する方法を解説していきます。Rは統計計算やグラフィックスのための言語として開発されました。Rのもともとの機能や柔軟性に加え、Rの機能を拡張するための膨大なパッケージが公開されており、ユーザーはそれらを使って自分のやりたい作業を簡潔に記述することができます。RとRのさまざまなパッケージを使って、データの取得や集計、ドキュメントの作成などの作業を効率化していきましょう！

本書の構成

　各章の内容は基本的に独立しており、興味のある章から読み進められるようになっています。

　1章でR、RStudioのインストール、RStudioの基本的な使い方など、Rを使ううえで必要な基礎知識について説明します。RやRStudioに不慣れな方は、まずこの章を読むとよいでしょう。

　2章ではExcelでよくある分析作業をRに置き換えるために、Excelファイルなどの表データをRで読み込み、各種集計を行う方法を説明します。

　3章ではggplot2パッケージを使ってグラフを描画する方法を説明します。統一的なわかりやすいコードで美しいグラフを描けるようになるでしょう。

　4章ではR Markdownを使って分析結果をHTMLやWordなど、さまざまな形式で共有する方法を説明します。データが変わるたびにグラフを描き直してレポートの該当箇所に貼り付ける、といった単純作業から開放されましょう。

　5章ではGoogle ドライブ、Google スプレッドシート、BigQueryといった、身近なGoogleの各種サービスをRから使う方法を説明します。

　6章はスクレイピング、つまりWebページから自動でデータを収集する方法、そしてその際の注意点について説明します。

　7章はより発展的な内容となっており、それまでの章で説明したデータの入手、集計、可視化、レポーティングなどの工程を効率的に再実行、自動化するためのしくみと応用例を紹介します。

　本書を読み通すことで、みなさんの多くの作業が自動化されると期待しています。

　なお、本書では以下の内容にはふれていません。ご自身に合った資料や書籍を

参考にしてください。

- Rのプログラミングに関する基本的な内容
- データ分析に関する内容

環境とサポート

　本書の内容は、RStudioを導入していればOSを問いません。RStudioについては第1章で導入の方法を解説します。また本書のコードの一部や補足などをGitHubリポジトリで公開しています。

https://github.com/ghmagazine/r_efficiency_book

　最新の情報はこちらを参照ください。

目次

Chapter 1 R環境の準備と基本操作　　　1

Chapter

5

Google サービスとの連携　　161

<table>
<tr><td rowspan="2">Chapter
6</td><td>**Web 上のデータ取得と**
Web ブラウザの操作</td><td>**189**</td></tr>
</table>

Chapter
7

データフローの整理と
定期実行

225

^{Column}

Chapter

1

R環境の準備と基本操作

1-1
R、RStudio、tidyverse

　本章では、Rを使ううえで必要な基礎知識について説明します。Rのインストールから始まり、Rの統合開発環境であるRStudioを使ってRのコードを書いて実行する方法を紹介します。また、tidyverseと呼ばれるデータ分析のためのRのパッケージ群についてもふれます。Rの環境が揃っていて、Rに習熟されている方は読み飛ばしていただいてかまいません。逆にRやRStudioを使ったことない方は、本章を読めばRを使った作業を始められるようになるはずです。

1-2
Rのインストール

　必要なソフトウェアをインストールしましょう。まずはR言語本体をインストールします。CRANのサイトから、お使いのOSのインストーラをダウンロードします。

https://cran.r-project.org/

　なお、執筆時点でのRのバージョンで解説しており、実際には最新のものになっているはずです。

▌ Windowsへのインストール

　CRANのサイトから「Download R for Windows」→「base」→「Download R 4.1.2 for Windows」を順にクリックしてインストーラをダウンロードします（図1.1）。

図1.1　Windows用Rのダウンロード

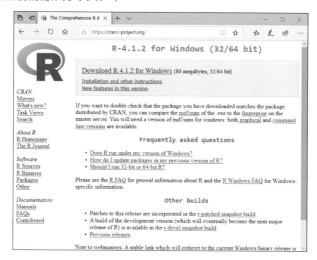

　ダウンロードしたらインストーラを実行します。デフォルトの設定のまま、ウィンドウの指示にしたがって進めてください。

▌ macOSへのインストール

　CRANのサイトから「Download R for macOS」→「R-4.1.2.pkg」を順にクリックしてインストーラをダウンロードします。ダウンロードしたらインストーラを実行します。デフォルトの設定のまま、ウィンドウの指示にしたがって進めてください。

1-3
RStudioのインストール

　Rのコードを書くために、汎用のテキストエディタを使う方法もありますが、本書ではRStudioというRの統合開発環境を使います。RStudioには、シンタックスハイライト、コードを直接実行できるエディタ、コード補完、プロジェクト機能など、Rを快適に使うための充実した機能があります。

▌Windowsへのインストール

RStudioのダウンロードページ[注1]からWindows 10用のインストーラ、RStudio-2021.09.1-372.exeをダウンロードします（**2021.09.1-372**の部分はバージョン番号で、実際には最新のものになっているはずです）。

ダウンロードしたらインストーラを実行します。デフォルトの設定のまま、ウィンドウの指示にしたがって進めてください。

▌macOSへのインストール

RStudioのダウンロードページからmacOS用のインストーラ、RStudio-2021.09.1-372.dmgをダウンロードします（**2021.09.1-372**の部分はバージョン番号で、実際には最新のものになっているはずです）。

ダウンロードしたdmgファイルを開いて、RStudioをApplicationsフォルダにドラッグアンドドロップすればインストールは完了です（図1.2）。

図1.2　ドラッグアンドドロップしてインストール

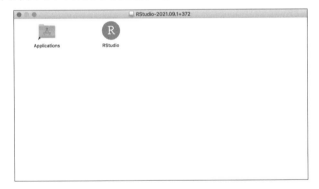

1-4
RStudioの基本機能

　それではRStudioを使ってみましょう。まずはRを電卓として使う、つまりR
を簡単に対話的に使う方法を説明します。続いて、わからないことを調べるため
のヘルプ機能の使い方、コードやデータをまとめるためのプロジェクト機能といっ
た基本的な使い方を解説します。RStudioのすべての機能を説明することはしま
せんが、コードを書く、保存する、実行するといったRを使った作業に必要不可
欠な機能がわかるようになるはずです。

Rを電卓として使う

　RStudioを起動するとConsoleと書かれたペインが表示されます。ここでRを
対話的に実行できます（図1.3）。

図1.3　Consoleペイン（画面左）

　Rを電卓として使ってみましょう。プロンプト>のあとに式を入力すると、R
が答えを返します（プロンプトはRがユーザーの入力を待っていることを示すも
のです。ユーザーが>を入力する必要はありません）。

```
> 1 + 2
```

```
[1] 3
```

```
> 2 * (3 + 4)
```

```
[1] 14
```

<-演算子を使って値に名前を付けることができます。

```
> tax <- 0.1
> 2000 * tax
```

```
[1] 200
```

関数を呼び出してみましょう。平方根を求めるにはsqrt関数を使います。

```
> sqrt(9)
```

```
[1] 3
```

ところで、式の途中で改行した場合、例えば関数呼び出しの閉じカッコなしで改行すると

```
> sqrt(9
+
```

のようにプロンプトが>から+に変わります。これはRが式の続きを求めていることを示します（式が完結していないので、）を入力する必要があります）。式の入力を中断するには Esc を押します。

▌helpの表示

Rの関数についてわからないことがあるときはどうすればよいでしょうか。Rには組み込みのヘルプ機能があり、いつでもRが質問に答えてくれます。例えばseq関数の使い方を知りたい場合、関数名の前に単項演算子?を付けて実行します。

```
?seq
```

すると、Helpペインに関数の使い方、引数の説明、使用例などが表示されます（図1.4）。

図1.4　Helpの表示

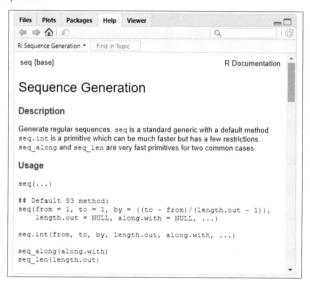

help関数を使っても同じ結果が得られます。

```
help(seq)
```

演算子や予約語について調べたいときは、その名前を " で囲う必要があります。

```
help("+")
help("for")
```

やりたいことはあっても具体的な関数名がわからない場合は、**??**演算子、もしくは**help.search**関数を使うとすべてのヘルプページから検索できます。例えばCSVファイルを読み込みたいときにどの関数を使えばよいかわからない場合、以下のいずれかを実行すると、Helpペインに検索結果が表示されます（図1.5）。

```
??csv
help.search("csv")
```

図1.5　Helpの検索結果

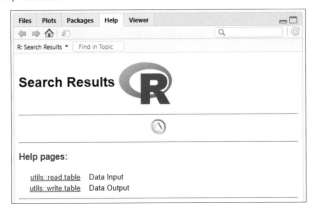

help関数、help.search関数自体の詳しい使い方は、以下のようにすると確認できます。

```
help(help)
help(help.search)
```

█ プロジェクト

ある作業に必要な一連のRのコードやデータなどは一箇所にまとめておくと便利です。RStudioにはプロジェクトという機能があり、プロジェクトごとに1つのディレクトリが設定され、そこにファイルや操作履歴などが保存されます[注2]。

プロジェクトの作成

新しいプロジェクトを作るには、左上のメニューから「File」→「New Project...」を順に選択し、表示されたダイアログで「New Directory」→「New Project」を順に選択します。

続いて「Directory name:」にプロジェクトのためのディレクトリ名を入力して

注2　https://support.rstudio.com/hc/en-us/articles/200526207-Using-Projects

「Create Project」ボタンを押すと、新しいプロジェクトを作成できます。

プロジェクトを開く

既存のプロジェクトを開くには、左上のメニューから「File」→「Open Project
...」を順に選択し、表示されたダイアログで該当するプロジェクトファイル（**プ
ロジェクト名.Rproj**）を選択し、「Open」ボタンを押します。

右上のプロジェクトツールバーから過去に開いたプロジェクトを選択すること
もできます（図1.6）。

図1.6　プロジェクトツールバー

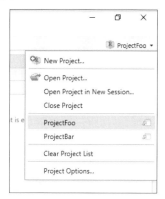

R Scriptファイルの作成と実行

ConsoleペインでRと対話するのは簡易的な操作です。Rのコードをまとめて
書くときや、あとで同じコードを繰り返し実行したいときは、R Scriptファイル
にコードを書く方が便利です。

新しいR Scriptファイルを作るには、左上のメニューから「File」→「New File
...」→「R Script」を順に選択します。

Sourceペインに作成したファイルが表示されるので、そこにコードを書いて
いきます。

2 + 3

　式が書かれた行でRunボタン、もしくはWindowsなら Ctrl + Enter 、macOS
なら Command + Enter を押すと、その式がConsoleペインで実行されます（図
1.7）。

図1.7　式の実行

　複数の式を一度に実行したい場合はマウス、または Shift +矢印キーで範囲を
指定して実行します。

　コードを書いたら保存しておきましょう。あとで見返したり再度同じことを実
行したりできます。左上のメニューから「File」→「Save」を順に選択、もしくは
Windowsなら Ctrl + S 、macOSなら Command + S を押すとファイル保存のダイ
アログが表示されるので、ファイル名を入力して保存してください。R Scriptファ
イルの拡張子は .R です（例: sample.R）。このファイルはプロジェクトのディレ
クトリに保存されます。

1-5
tidyverse

tidyverseとは

　tidyverseはデータサイエンスのために設計されたRのパッケージ群です。各パッ

ケージは設計や使い方に一貫性があり、一連の作業をスムーズに行うことができます。データ分析者の間で広く親しまれており、Rでデータ分析をするためのデファクトスタンダードと言ってもよいでしょう。本書ではtidyverseに含まれるパッケージを積極的に使っていきます。本書で扱うパッケージのうち、主要なものを以下に挙げます。

- readr：さまざまな表データのファイルを読み込むためのパッケージ
- tibble：表データを表すパッケージ
- dplyr：表データの集計のためのパッケージ
- tidyr：表データを扱いやすく変換するためのパッケージ
- ggplot2：グラフを描くためのパッケージ
- purrr：関数呼び出しに関するパッケージ
- stringr：文字列処理を簡単にするためのパッケージ

以下を実行してtidyverseのパッケージ群をインストールしてください。

```
install.packages("tidyverse")
```

パイプで処理をつなぐ

tidyverseのパッケージ群は、関数同士をパイプと呼ばれる演算子でつないで、処理をひとつながりに記述できるように設計されています。

パイプ演算子%>%はtidyverseのうちのmagrittrパッケージに含まれており[注3]、`library(magrittr)`を実行すると使用できます。`library(tidyverse)`でtidyverse全体を読み込んでも大丈夫です。

```
library(tidyverse)
```

パイプ演算子を使ってみましょう。Rには数列を生成するための:演算子があります。1から10の数のベクトルを生成するには以下を実行します。

注3　R 4.1.0でシンプルなパイプの文法である |> が導入されました。詳細は R 4.1.0以降の環境でヘルプを参照してください（?pipeOp）。本書では、R 4.1.0より前の分析環境でも動作するようにmagrittrパッケージのパイプ演算子%>%を使っています。

```
1:10
```

```
[1]  1  2  3  4  5  6  7  8  9 10
```

この数の和を求めるには、sum関数を使います。

```
sum(1:10)
```

```
[1] 55
```

これは、パイプ演算子%>%を使うと以下のように書けます。

```
1:10 %>% sum()
```

```
[1] 55
```

さらにその平方根を計算したいときは以下のように書けます。

```
1:10 %>% sum() %>% sqrt()
```

```
[1] 7.416198
```

これは

```
sqrt(sum(1:10))
```

と書くのに比べ、カッコの入れ子がなく、処理の順番（和を計算してから平方根を取る）を左から右に読めるので、より自然にその内容を理解できます。また、左から右に処理を順に追加しながら書けるので、Consoleでの動作確認が簡単になります。パイプ演算子%>%の挙動は、左辺の値を右辺の関数の第一引数に渡す、というものです。つまり以下の2つの式の意味は同じです。

```
abs(-2)
-2 %>% abs()
```

引数が2つ以上の関数でも同様です。以下の2つの式の意味は同じです。

```
seq(1, 10)
1 %>% seq(10)
```

1-6
まとめ

本章ではRを使うための準備として、環境の用意とRの使い方の基本について解説しました。Rの言語仕様や基本操作が気になる方は以下の資料を参考にしてください。

- The R Manuals: 公式マニュアル https://cran.r-project.org/manuals.html
- Contributed Documentation: 公式マニュアルの有志による翻訳 https://cran.r-project.org/other-docs.html

Chapter

2

Excel・CSV・TSV ファイルの読み込みと データ整形

2-1
Excel作業を置き換える意義

　Excelは手軽にデータを集計できる便利なツールです。ですが手作業の繰り返しは面倒かつ退屈で、うっかり間違える可能性もあります。もしあなたがExcelでのマウス操作を煩雑に感じていたり、定期的なレポートのために毎回同じ操作を手作業で行っていたりするなら、Rで楽にできる可能性があります。

　本章はExcelでの分析作業をRに移行する入り口となることを目指しています。まずはすでにあるExcelファイルやCSV、TSV形式のデータをRで読み込む方法を紹介します。そしてExcelでよくあるフィルター、並び替え、データの結合などの操作をRで置き換える方法を順に説明します。

2-2
Excelファイルを読み込む（readxlパッケージ）

　readxlパッケージを使うと、Excelファイル（.xls, .xlsx）を読み込めるようになります。Excelファイルの内容をいったんRに読み込んでしまえば、あとはRの機能を駆使して自在にデータを加工、可視化できるでしょう。それではやってみましょう。

　readxlパッケージはtidyverseに含まれるので、tidyverseをインストール済みなら追加の作業は不要です。readxlパッケージを個別にインストールするには以下のコマンドを実行します。

```
install.packages("readxl")
```

■ ファイルの準備

　読み込みたいExcelファイルを作業ディレクトリに置いてください。作業ディ

レクトリ（working directory）とは、その名の通りRがファイルを操作する際の
起点となるディレクトリです。1章で説明したプロジェクトを開いている場合、
プロジェクトのディレクトリが作業ディレクトリとなります。作業ディレクトリ
は **getwd** 関数を実行すると表示できます。ここでは仮に **ProjectFoo** を作業ディ
レクトリにしています。

```
getwd()
```

```
[1] "C:/Users/username/Documents/ProjectFoo"
```

ファイルの読み込み

　それでは使ってみましょう。まずはreadxlパッケージを読み込みます。

```
library(readxl)
```

　readxlパッケージにはサンプルのExcelファイルがいくつか同梱されています。
使い方を覚えるにはこれらを使うのが手軽です。ここでは、サンプルのExcelファ
イルの1つ "datasets.xlsx" を、以下のコマンドで作業ディレクトリにコピーして
使うことにします。

```
file.copy(readxl_example("datasets.xlsx"), ".")
```

　ところで **file.copy** 関数は **file.copy(from, to)** で指定された **from** のファイ
ルを **to** の場所にコピーします。**to** で指定された "." とは何でしょう？　"." は相
対パス（ファイルの相対的な位置を示すもの）を表す記号の1つで、作業ディレ
クトリを示します。**normalizePath** 関数で "." を展開すると、作業ディレクトリ
を指していることが確認できます。

```
normalizePath(".")
```

```
[1] "C:/Users/username/Documents/ProjectFoo"
```

　"datasets.xlsx" が作業ディレクトリにコピーされたことを確認します（図2.1）。

図2.1　xlsx ファイルを作業ディレクトリにコピー

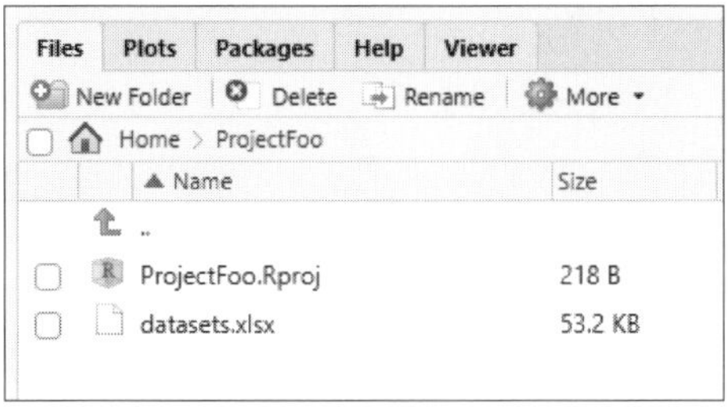

read_excel 関数にファイルを指定して Excel ファイルを読み込みます。

```
read_excel("datasets.xlsx")
```

```
# A tibble: 150 × 5
   Sepal.Length Sepal.Width Petal.Length Petal.Width Species
          <dbl>       <dbl>        <dbl>       <dbl> <chr>
 1          5.1         3.5          1.4         0.2 setosa
 2          4.9         3            1.4         0.2 setosa
 3          4.7         3.2          1.3         0.2 setosa
 4          4.6         3.1          1.5         0.2 setosa
 5          5           3.6          1.4         0.2 setosa
 6          5.4         3.9          1.7         0.4 setosa
 7          4.6         3.4          1.4         0.3 setosa
 8          5           3.4          1.5         0.2 setosa
 9          4.4         2.9          1.4         0.2 setosa
10          4.9         3.1          1.5         0.1 setosa
# … with 140 more rows
```

　データが表示されました。先頭に **A tibble** とある通り、**read_excel** 関数が返すのは tibble というオブジェクトです。tibble は R で標準で使われているデータフレームをより高機能にしたもので、readxl パッケージを含め tidyverse のパッケージ群において標準で使われています。tibble の特徴の 1 つはデータの表示です。行数が多いデータを表示する場合に 1 つの画面に収まる分だけ表示して、残りのデータは **with 140 more rows**（あと 140 行ある）のように要約します。もっと行を表示したい場合は、**print** 関数を使って、**n** オプションで行数を明示的に指定します[注1]。

注1　tibble の表示について詳しく知りたい場合は、ヘルプ (?tibble::formatting) を参照してください。

```
# 50行表示
print(read_excel("datasets.xlsx"), n = 50)
# すべての行を表示
print(read_excel("datasets.xlsx"), n = Inf)
```

このExcelファイルには複数のシートが含まれています。**excel_sheets**関数でシート名の一覧が得られます。

```
excel_sheets("datasets.xlsx")
```

```
[1] "iris"     "mtcars"   "chickwts" "quakes"
```

read_excel関数の**sheet**オプションで読み込むシートを指定できます。シート名、もしくは数字で指定します。2番めのシート、"mtcars"は以下の2通りの方法で指定できます。

```
read_excel("datasets.xlsx", sheet = "mtcars")
read_excel("datasets.xlsx", sheet = 2)
```

```
# A tibble: 32 × 11
     mpg   cyl  disp    hp  drat    wt  qsec    vs    am  gear  carb
   <dbl> <dbl> <dbl> <dbl> <dbl> <dbl> <dbl> <dbl> <dbl> <dbl> <dbl>
 1  21       6  160   110  3.9   2.62  16.5     0     1     4     4
 2  21       6  160   110  3.9   2.88  17.0     0     1     4     4
 3  22.8     4  108    93  3.85  2.32  18.6     1     1     4     1
 4  21.4     6  258   110  3.08  3.22  19.4     1     0     3     1
 5  18.7     8  360   175  3.15  3.44  17.0     0     0     3     2
 6  18.1     6  225   105  2.76  3.46  20.2     1     0     3     1
 7  14.3     8  360   245  3.21  3.57  15.8     0     0     3     4
 8  24.4     4  147.   62  3.69  3.19  20       1     0     4     2
 9  22.8     4  141.   95  3.92  3.15  22.9     1     0     4     2
10  19.2     6  168.  123  3.92  3.44  18.3     1     0     4     4
# … with 22 more rows
```

2-3
CSV・TSVファイルを読み込む（readrパッケージ）

　CSVはcomma-separated values、つまりコンマ（,）で区切られた値を意味しています。Excelファイルとは違い、CSVファイルの中身は単なるシンプルな文字列であり、さまざまなソフトウェアがデータの入出力形式として対応しています。もちろんRでもCSVファイルを読み込むことができます。

　それではCSVファイルを読み込んでみましょう。まずはreadrパッケージを読み込みます[注2]。

```
library(readr)
```

■ ファイルの読み込み

　read_csv関数でCSVファイルを読み込むことができます。作業ディレクトリにあるCSVファイル、"sample.csv" を読み込む場合、以下を実行します。

```
read_csv("sample.csv")
```

　TSVファイル、つまりタブ文字区切りのファイルの場合は**read_tsv**関数で読み込むことができます。作業ディレクトリにあるTSVファイル、"sample.tsv" を読み込む場合、以下を実行します。

```
read_tsv("sample.tsv")
```

注2　readrパッケージはtidyverseに含まれるので、tidyverseをインストール済みなら個別のインストールは不要です。

2-4
Word文書のテーブルを読み込む
(docxtractr パッケージ)

docxtractrパッケージを使うと、Word文書 (.docx) の中の表 (テーブル) をR
で読み込むことができます (図2.2)。

図2.2　Word文書中の表

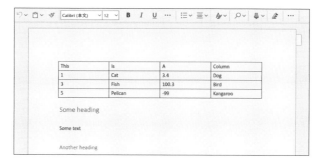

以下のコマンドでdocxtractrパッケージをインストールします。

```
install.packages("docxtractr")
```

docxtractrパッケージを読み込みます。

```
library(docxtractr)
```

■ ファイル内のテーブルの読み込み

docxtractrパッケージに同梱されているサンプルのWord文書を読み込んでみ
ましょう。まずは以下のコマンドでサンプルのWord文書、"data3.docx" を作業ディ
レクトリにコピーします。

```
file.copy(system.file("examples/data3.docx", package = "docxtractr"), ".")
```

"data3.docx"が作業ディレクトリにコピーされたことを確認してください（図2.3）。

図2.3 docxファイルを作業ディレクトリにコピー

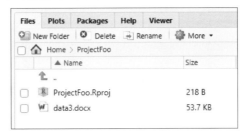

read_docx関数でWord文書を読み込みます。

```
doc <- read_docx("data3.docx")
```

docx_tbl_count関数でWord文書中のテーブルの数を知ることができます。

```
docx_tbl_count(doc)
```

```
[1] 3
```

docx_extract_tbl関数でテーブルを読み込むことができます。第2引数で何番めのテーブルを読み込むかを指定します。

```
docx_extract_tbl(doc, 1)
```

```
# A tibble: 3 × 4
  This  Is     A      Column
  <chr> <chr>  <chr>  <chr>
1 1     Cat    3.4    Dog
2 3     Fish   100.3  Bird
3 5     Pelican -99   Kangaroo
```

2-5
Excelの代わりにRを使う

ExcelでできることのほとんどはRでもできます。筆者はデータを分析するときにExcelなどの表計算ソフトはまず使いません。なぜでしょうか? それはRで行う方が速く正確にできるからです。作業内容をすべてコードで表現できるので、同じような作業の繰り返しが簡単です。また、分析には前の段階に戻るような試行錯誤が発生しますが、コードであれば修正しやすくなります。

本節ではtidyverseに含まれるdplyrというパッケージを使って、Excelでよくある作業をRで代用する方法を説明します。よく設計されたdplyrの関数群を組み合わせることで、マウスによる面倒な範囲選択やメニューのクリックの繰り返しから解放され、息を吸って吐くように自然にデータ分析を行えるようになるはずです。

準備

ここでは例としてgapminderという世界の統計のデータセットを使います。gapminderデータセットはRのパッケージとして公開されていて、以下のコマンドでインストールできます。

```
install.packages("gapminder")
```

gapminderデータセット、そしてdplyrを使うためにtidyverseパッケージを読み込みます。

```
library(gapminder)
library(tidyverse)
```

フィルター

Excel上でデータを絞り込むには「フィルター機能」を使います(図2.4)。

図2.4　Excelのフィルター機能

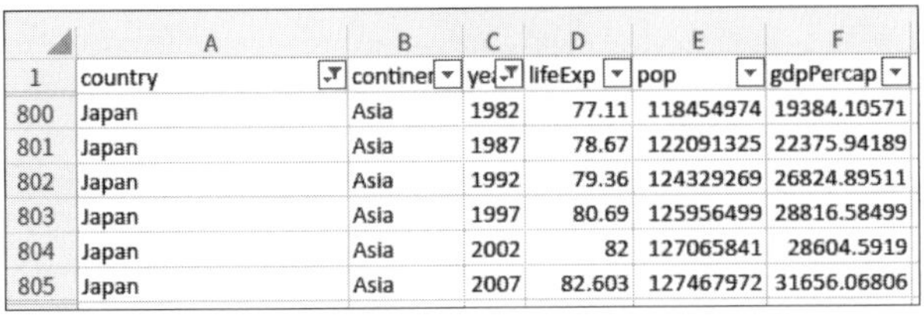

	A	B	C	D	E	F
1	country	continent	year	lifeExp	pop	gdpPercap
800	Japan	Asia	1982	77.11	118454974	19384.10571
801	Japan	Asia	1987	78.67	122091325	22375.94189
802	Japan	Asia	1992	79.36	124329269	26824.89511
803	Japan	Asia	1997	80.69	125956499	28816.58499
804	Japan	Asia	2002	82	127065841	28604.5919
805	Japan	Asia	2007	82.603	127467972	31656.06806

dplyrパッケージでも **filter** 関数で自在にデータを絞り込むことができます。gapminderデータを見てみます。

```
gapminder
```

```
# A tibble: 1,704 × 6
   country     continent  year lifeExp        pop gdpPercap
   <fct>       <fct>     <int>   <dbl>      <int>     <dbl>
 1 Afghanistan Asia       1952    28.8    8425333      779.
 2 Afghanistan Asia       1957    30.3    9240934      821.
 3 Afghanistan Asia       1962    32.0   10267083      853.
 4 Afghanistan Asia       1967    34.0   11537966      836.
 5 Afghanistan Asia       1972    36.1   13079460      740.
 6 Afghanistan Asia       1977    38.4   14880372      786.
 7 Afghanistan Asia       1982    39.9   12881816      978.
 8 Afghanistan Asia       1987    40.8   13867957      852.
 9 Afghanistan Asia       1992    41.7   16317921      649.
10 Afghanistan Asia       1997    41.8   22227415      635.
# … with 1,694 more rows
```

1,704行あるようです。**View** 関数に渡すとデータ全体をRStudioのビューワで見ることができます（図2.5）。

```
gapminder %>% View()
```

図2.5　RStudioのビューワ

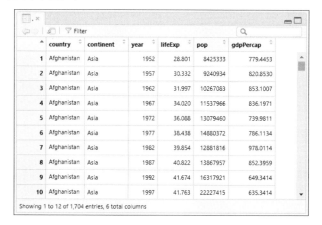

この中から、continent（大陸）の列がAsiaのデータを抽出しましょう。**filter** 関数で**カラム名 == 値**のように指定します。

```
gapminder %>% filter(continent == "Asia")
```

```
# A tibble: 396 × 6
   country     continent  year lifeExp      pop gdpPercap
   <fct>       <fct>     <int>   <dbl>    <int>     <dbl>
 1 Afghanistan Asia       1952    28.8  8425333      779.
 2 Afghanistan Asia       1957    30.3  9240934      821.
 3 Afghanistan Asia       1962    32.0 10267083      853.
 4 Afghanistan Asia       1967    34.0 11537966      836.
 5 Afghanistan Asia       1972    36.1 13079460      740.
 6 Afghanistan Asia       1977    38.4 14880372      786.
 7 Afghanistan Asia       1982    39.9 12881816      978.
 8 Afghanistan Asia       1987    40.8 13867957      852.
 9 Afghanistan Asia       1992    41.7 16317921      649.
10 Afghanistan Asia       1997    41.8 22227415      635.
# … with 386 more rows
```

同じように、country（国）がJapanのデータは以下のように抽出できます。

```
gapminder %>% filter(country == "Japan")
```

```
# A tibble: 12 × 6
   country continent  year lifeExp      pop gdpPercap
   <fct>   <fct>     <int>   <dbl>    <int>     <dbl>
```

```
 1 Japan  Asia  1952  63.0  86459025   3217.
 2 Japan  Asia  1957  65.5  91563009   4318.
 3 Japan  Asia  1962  68.7  95831757   6577.
 4 Japan  Asia  1967  71.4 100825279   9848.
 5 Japan  Asia  1972  73.4 107188273  14779.
 6 Japan  Asia  1977  75.4 113872473  16610.
 7 Japan  Asia  1982  77.1 118454974  19384.
 8 Japan  Asia  1987  78.7 122091325  22376.
 9 Japan  Asia  1992  79.4 124329269  26825.
10 Japan  Asia  1997  80.7 125956499  28817.
11 Japan  Asia  2002  82   127065841  28605.
12 Japan  Asia  2007  82.6 127467972  31656.
```

　何かを除外したいときは != 演算子を使います。Japan 以外のデータを抽出したい場合は以下のようにします。

```
gapminder %>% filter(country != "Japan")
```

　条件は複数指定することもできます。Japan、かつ year（年）の値が 1982 以上（1982 年以降）のデータを抽出したい場合は以下のようにします。

```
gapminder %>% filter(country == "Japan", year >= 1982)
```

```
# A tibble: 6 × 6
  country continent  year lifeExp       pop gdpPercap
  <fct>   <fct>     <int>   <dbl>     <int>     <dbl>
1 Japan   Asia       1982    77.1 118454974    19384.
2 Japan   Asia       1987    78.7 122091325    22376.
3 Japan   Asia       1992    79.4 124329269    26825.
4 Japan   Asia       1997    80.7 125956499    28817.
5 Japan   Asia       2002    82   127065841    28605.
6 Japan   Asia       2007    82.6 127467972    31656.
```

　Japan の 1990 年代のデータを抽出したい場合は以下のようにします。

```
gapminder %>% filter(country == "Japan", year >= 1990, year < 2000)
```

```
# A tibble: 2 × 6
  country continent  year lifeExp       pop gdpPercap
  <fct>   <fct>     <int>   <dbl>     <int>     <dbl>
1 Japan   Asia       1992    79.4 124329269    26825.
2 Japan   Asia       1997    80.7 125956499    28817.
```

「または」の条件を指定したい場合は|演算子を使います。Japanの1997年、または2007年のデータを抽出したい場合は以下のようにします。

```
gapminder %>% filter(country == "Japan", year == 1997 | year == 2007)
```

```
# A tibble: 2 × 6
  country continent  year lifeExp       pop gdpPercap
  <fct>   <fct>     <int>   <dbl>     <int>     <dbl>
1 Japan   Asia       1997    80.7 125956499    28817.
2 Japan   Asia       2007    82.6 127467972    31656.
```

これは%in%演算子を使って以下のように書くこともできます。

```
gapminder %>% filter(country == "Japan", year %in% c(1997, 2007))
```

Excelのフィルター機能はfilter関数で代用できることがわかりました。

並べ替え

Excelには「並べ替え」機能が用意されています（図2.6）。

図2.6　Excelの並べ替え機能

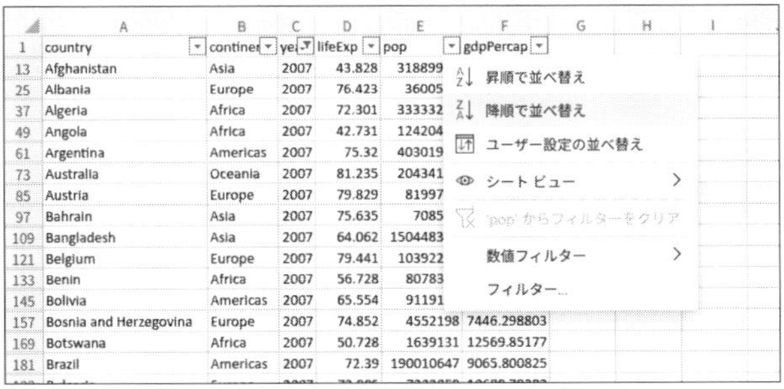

dplyrパッケージのarrange関数を使えば同じようにデータを並べ替えることができます。

まず2007年のデータを抽出しておきます。

```
gap2007 <- gapminder %>% filter(year == 2007)
gap2007
```

```
# A tibble: 142 × 6
   country     continent  year lifeExp        pop gdpPercap
   <fct>       <fct>     <int>   <dbl>      <int>     <dbl>
 1 Afghanistan Asia       2007    43.8   31889923      975.
 2 Albania     Europe     2007    76.4    3600523     5937.
 3 Algeria     Africa     2007    72.3   33333216     6223.
 4 Angola      Africa     2007    42.7   12420476     4797.
 5 Argentina   Americas   2007    75.3   40301927    12779.
 6 Australia   Oceania    2007    81.2   20434176    34435.
 7 Austria     Europe     2007    79.8    8199783    36126.
 8 Bahrain     Asia       2007    75.6     708573    29796.
 9 Bangladesh  Asia       2007    64.1  150448339     1391.
10 Belgium     Europe     2007    79.4   10392226    33693.
# … with 132 more rows
```

　これを**arrange**関数を使って並び替えます。pop（人口）の昇順に並び替えるには、以下のようにします。

```
gap2007 %>% arrange(pop)
```

```
# A tibble: 142 × 6
   country               continent  year lifeExp     pop gdpPercap
   <fct>                 <fct>     <int>   <dbl>   <int>     <dbl>
 1 Sao Tome and Principe Africa     2007    65.5  199579     1598.
 2 Iceland               Europe     2007    81.8  301931    36181.
 3 Djibouti              Africa     2007    54.8  496374     2082.
 4 Equatorial Guinea     Africa     2007    51.6  551201    12154.
 5 Montenegro            Europe     2007    74.5  684736     9254.
 6 Bahrain               Asia       2007    75.6  708573    29796.
 7 Comoros               Africa     2007    65.2  710960      986.
 8 Reunion               Africa     2007    76.4  798094     7670.
 9 Trinidad and Tobago   Americas   2007    69.8 1056608    18009.
10 Swaziland             Africa     2007    39.6 1133066     4513.
# … with 132 more rows
```

　降順に並び替えるには**desc**で指定します。

```
gap2007 %>% arrange(desc(pop))
```

```
# A tibble: 142 × 6
   country     continent  year lifeExp        pop gdpPercap
   <fct>       <fct>     <int>   <dbl>      <int>     <dbl>
 1 China       Asia       2007    73.0 1318683096     4959.
 2 India       Asia       2007    64.7 1110396331     2452.
```

```
 3 United States Americas     2007    78.2 301139947      42952.
 4 Indonesia     Asia         2007    70.6 223547000       3541.
 5 Brazil        Americas     2007    72.4 190010647       9066.
 6 Pakistan      Asia         2007    65.5 169270617       2606.
 7 Bangladesh    Asia         2007    64.1 150448339       1391.
 8 Nigeria       Africa       2007    46.9 135031164       2014.
 9 Japan         Asia         2007    82.6 127467972      31656.
10 Mexico        Americas     2007    76.2 108700891      11978.
# … with 132 more rows
```

並び替えるカラムを複数指定することもできます。

```
gapminder %>% arrange(continent, country, desc(year))
```

```
# A tibble: 1,704 × 6
   country continent  year lifeExp       pop gdpPercap
   <fct>   <fct>     <int>   <dbl>     <int>     <dbl>
 1 Algeria Africa     2007    72.3  33333216     6223.
 2 Algeria Africa     2002    71.0  31287142     5288.
 3 Algeria Africa     1997    69.2  29072015     4797.
 4 Algeria Africa     1992    67.7  26298373     5023.
 5 Algeria Africa     1987    65.8  23254956     5681.
 6 Algeria Africa     1982    61.4  20033753     5745.
 7 Algeria Africa     1977    58.0  17152804     4910.
 8 Algeria Africa     1972    54.5  14760787     4183.
 9 Algeria Africa     1967    51.4  12760499     3247.
10 Algeria Africa     1962    48.3  11000948     2551.
# … with 1,694 more rows
```

集計

　Excelで、あるセルの範囲の集計、例えば合計や平均値、最大値、最小値など
を計算することがあるでしょう（図2.7）。

図2.7　Excelで集計

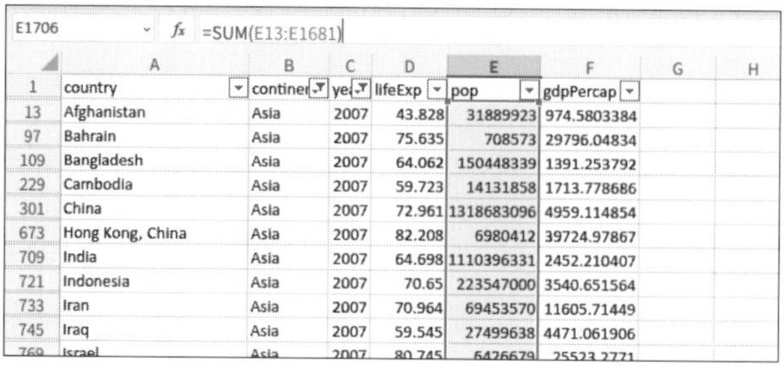

E1706　=SUM(E13:E1681)

	country	continent	year	lifeExp	pop	gdpPercap
13	Afghanistan	Asia	2007	43.828	31889923	974.5803384
97	Bahrain	Asia	2007	75.635	708573	29796.04834
109	Bangladesh	Asia	2007	64.062	150448339	1391.253792
229	Cambodia	Asia	2007	59.723	14131858	1713.778686
301	China	Asia	2007	72.961	1318683096	4959.114854
673	Hong Kong, China	Asia	2007	82.208	6980412	39724.97867
709	India	Asia	2007	64.698	1110396331	2452.210407
721	Indonesia	Asia	2007	70.65	223547000	3540.651564
733	Iran	Asia	2007	70.964	69453570	11605.71449
745	Iraq	Asia	2007	59.545	27499638	4471.061906
769	Israel	Asia	2007	80.745	6426679	25523.2771

Rでもさまざまな集計ができます。Excelの集計を代用するRの関数を表2.1にまとめます。

表2.1　ExcelとRの主な集計用の関数

Excelの関数	Rの関数	説明
SUM	sum	合計
AVERAGE	mean	平均値
MEDIAN	median	中央値
STDEV	sd	標準偏差

これらの関数は数値のベクトルを集計します。

```
1:10 %>% sum()
```

```
[1] 55
```

データフレームのカラムに対して集計することもできます。例としてAsiaの2007年のデータを抽出しておきます。

```
asia2007 <- gapminder %>% filter(continent == "Asia", year == 2007)
asia2007
```

```
# A tibble: 33 × 6
   country          continent  year lifeExp       pop gdpPercap
   <fct>            <fct>     <int>   <dbl>     <int>     <dbl>
 1 Afghanistan      Asia       2007    43.8  31889923      975.
 2 Bahrain          Asia       2007    75.6    708573    29796.
 3 Bangladesh       Asia       2007    64.1 150448339     1391.
 4 Cambodia         Asia       2007    59.7  14131858     1714.
```

```
 5 China            Asia    2007    73.0 1318683096    4959.
 6 Hong Kong, China Asia    2007    82.2    6980412   39725.
 7 India            Asia    2007    64.7 1110396331    2452.
 8 Indonesia        Asia    2007    70.6  223547000    3541.
 9 Iran             Asia    2007    71.0   69453570   11606.
10 Iraq             Asia    2007    59.5   27499638    4471.
# … with 23 more rows
```

このデータフレームのpop（人口）を合計したい場合、summarise関数の引数の中でカラム名を指定して集計することができます。

```
asia2007 %>% summarise(sum(pop))
```

```
# A tibble: 1 × 1
  `sum(pop)`
       <dbl>
1 3811953827
```

集計結果に名前を付けることもできます。

```
asia2007 %>% summarise(total_pop = sum(pop))
```

```
# A tibble: 1 × 1
  total_pop
      <dbl>
1 3811953827
```

複数の集計をすることもできます。popの最大値、最小値を知りたい場合は以下のようにします。

```
asia2007 %>% summarise(max(pop), min(pop))
```

```
# A tibble: 1 × 2
  `max(pop)` `min(pop)`
       <int>      <int>
1 1318683096     708573
```

summarise関数はそれ単体でも使えますが、group_by関数と組み合わせるとさらに便利です。Excelのピボットテーブルのようなグループごとの集計を簡単に行うことができます。

グループごとの集計を行う場合、group_by関数で集計したいグループを指定

したあとに**summarise**関数で集計します。2007年のcontinentごとの国の数と popの合計を集計したい場合、以下のようにします（**n()**はグループの行数を返 します）。

```
gap2007 %>% group_by(continent) %>%
  summarise(n = n(), total_pop = sum(pop))
```

```
# A tibble: 5 × 3
  continent     n  total_pop
  <fct>     <int>      <dbl>
1 Africa       52  929539692
2 Americas     25  898871184
3 Asia         33 3811953827
4 Europe       30  586098529
5 Oceania       2   24549947
```

　複数のグループを指定できます。1990年以降のデータのうち、continentごと、 さらにyearごとのpopの合計を集計したい場合は以下のようにします。

```
gapminder %>% filter(year >= 1990) %>%
  group_by(continent, year) %>% summarise(total_pop = sum(pop))
```

```
`summarise()` has grouped output by 'continent'. You can override using
the `.groups` argument.
# A tibble: 20 × 3
# Groups:   continent [5]
   continent  year  total_pop
   <fct>     <int>      <dbl>
 1 Africa     1992  659081517
 2 Africa     1997  743832984
 3 Africa     2002  833723916
 4 Africa     2007  929539692
 5 Americas   1992  739274104
 6 Americas   1997  796900410
 7 Americas   2002  849772762
 8 Americas   2007  898871184
 9 Asia       1992 3133292191
10 Asia       1997 3383285500
11 Asia       2002 3601802203
12 Asia       2007 3811953827
13 Europe     1992  558142797
14 Europe     1997  568944148
15 Europe     2002  578223869
```

```
16 Europe     2007  586098529
17 Oceania    1992   20919651
18 Oceania    1997   22241430
19 Oceania    2002   23454829
20 Oceania    2007   24549947
```


データの結合

ExcelではVLOOKUP関数などを使って別のテーブルのデータを参照できます(図2.8)。

図2.8　ExcelのVLOOKUP関数

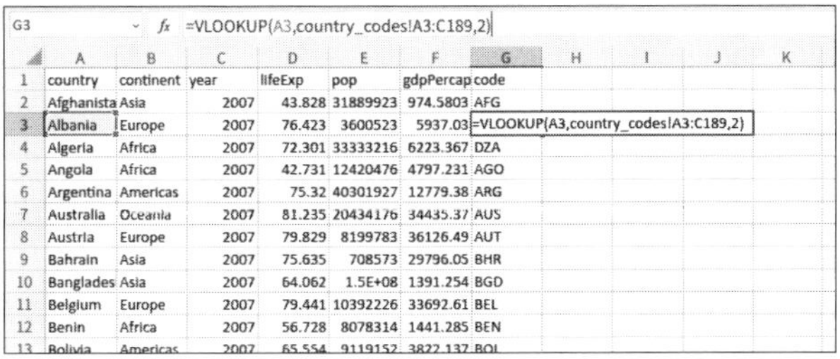

G3　fx　=VLOOKUP(A3,country_codes!A3:C189,2)

	A	B	C	D	E	F	G	H	I	J	K
1	country	continent	year	lifeExp	pop	gdpPercap	code				
2	Afghanista	Asia	2007	43.828	31889923	974.5803	AFG				
3	Albania	Europe	2007	76.423	3600523	5937.03	=VLOOKUP(A3,country_codes!A3:C189,2)				
4	Algeria	Africa	2007	72.301	33333216	6223.367	DZA				
5	Angola	Africa	2007	42.731	12420476	4797.231	AGO				
6	Argentina	Americas	2007	75.32	40301927	12779.38	ARG				
7	Australia	Oceania	2007	81.235	20434176	34435.37	AUS				
8	Austria	Europe	2007	79.829	8199783	36126.49	AUT				
9	Bahrain	Asia	2007	75.635	708573	29796.05	BHR				
10	Banglades	Asia	2007	64.062	1.5E+08	1391.254	BGD				
11	Belgium	Europe	2007	79.441	10392226	33692.61	BEL				
12	Benin	Africa	2007	56.728	8078314	1441.285	BEN				
13	Bolivia	Americas	2007	65.554	9119152	3822.137	BOL				

Rでもdplyrパッケージの`left_join`関数を使えば同様のことを簡単に実現できます。

試してみましょう。注文を表す`orders`テーブルと、商品データを表す`items`テーブルがあるとします。

```
orders <- tibble(item_id = c(3, 1, 2))
items <- tibble(item_id = 1:4, price = c(200, 300, 600, 400))
orders
```

```
# A tibble: 3 × 1
  item_id
    <dbl>
1       3
2       1
3       2
```

items

```
# A tibble: 4 × 2
  item_id price
    <int> <dbl>
1       1   200
2       2   300
3       3   600
4       4   400
```

　注文された商品の価格を知りたい場合、left_join関数を使ってordersテーブルにitemsテーブルを結合します。キーとするカラムをbyで指定します。

```
orders %>% left_join(items, by = "item_id")
```

```
# A tibble: 3 × 2
  item_id price
    <dbl> <dbl>
1       3   600
2       1   200
3       2   300
```

　キーとするカラム名が2つのテーブルで異なる場合を考えます。

```
orders <- tibble(item_id = c(3, 1, 2))
items <- tibble(id = 1:4, price = c(200, 300, 600, 400))
```

　こういった場合は、by = c("カラム名1" = "カラム名2")のようにキーとなるカラム名を指定します。

```
orders %>% left_join(items, by = c("item_id" = "id"))
```

```
# A tibble: 3 × 2
  item_id price
    <dbl> <dbl>
1       3   600
2       1   200
3       2   300
```

　gapminderデータでも試してみましょう。gapminderには、国名コードが収録されたcountry_codesデータが同梱されています。

country_codes

```
# A tibble: 187 × 3
   country     iso_alpha iso_num
   <chr>       <chr>       <int>
 1 Afghanistan AFG             4
 2 Albania     ALB             8
 3 Algeria     DZA            12
 4 Angola      AGO            24
 5 Argentina   ARG            32
 6 Armenia     ARM            51
 7 Aruba       ABW           533
 8 Australia   AUS            36
 9 Austria     AUT            40
10 Azerbaijan  AZE            31
# … with 177 more rows
```

left_join関数を使って、2007年のデータに結合します。

gap2007 %>% left_join(country_codes, by = "country")

```
# A tibble: 142 × 8
   country     continent year lifeExp    pop gdpPercap iso_alpha iso_num
   <chr>       <fct>    <int>   <dbl>  <int>     <dbl> <chr>
<int>
 1 Afghanistan Asia      2007    43.8 3.19e7      975. AFG             4
 2 Albania     Europe    2007    76.4 3.60e6     5937. ALB             8
 3 Algeria     Africa    2007    72.3 3.33e7     6223. DZA            12
 4 Angola      Africa    2007    42.7 1.24e7     4797. AGO            24
 5 Argentina   Americas  2007    75.3 4.03e7    12779. ARG            32
 6 Australia   Oceania   2007    81.2 2.04e7    34435. AUS            36
 7 Austria     Europe    2007    79.8 8.20e6    36126. AUT            40
 8 Bahrain     Asia      2007    75.6 7.09e5    29796. BHR            48
 9 Bangladesh  Asia      2007    64.1 1.50e8     1391. BGD            50
10 Belgium     Europe    2007    79.4 1.04e7    33693. BEL            56
# … with 132 more rows
```

同じcountry（国名）を持つcountry_codesデータのカラムが追加されました。

ところでleft_join関数のleftは何のことでしょうか。テーブルxにテーブルyを結合するにはx %>% left_join(y)またはleft_join(x, y)と指定します。xを左のテーブル、yを右のテーブルと呼ぶことにします。

left_join関数は左のテーブルの行をすべて含めます。

```
x <- tibble(key = c(1, 2, 3), value_x = c(10, 20, 30))
y <- tibble(key = c(1, 2, 4), value_y = c(100, 200, 400))

left_join(x, y)
```

```
Joining, by = "key"
# A tibble: 3 × 3
    key value_x value_y
  <dbl>   <dbl>   <dbl>
1     1      10     100
2     2      20     200
3     3      30      NA
```

右のテーブルに該当するキーがなかった場合はNAとなります。

right_join関数は逆に右のテーブルの行をすべて含めます。

```
right_join(x, y)
```

```
Joining, by = "key"
# A tibble: 3 × 3
    key value_x value_y
  <dbl>   <dbl>   <dbl>
1     1      10     100
2     2      20     200
3     4      NA     400
```

inner_join関数は右と左のテーブル両方にキーがある行のみを返します。

```
inner_join(x, y)
```

```
Joining, by = "key"
# A tibble: 2 × 3
    key value_x value_y
  <dbl>   <dbl>   <dbl>
1     1      10     100
2     2      20     200
```

2-6
まとめ

2

　本章ではExcelファイルなどの表データをRで読み込む方法、そしてdplyrパッケージを使ってExcelでよくある作業をRで実行する方法を説明しました。紹介した各パッケージについて詳しく知りたい場合は以下のドキュメントを参考にしてください。

- Read Excel Files・readxl　https://readxl.tidyverse.org/
- Read Rectangular Text Data・readr　https://readr.tidyverse.org/
- A Grammar of Data Manipulation・dplyr　https://dplyr.tidyverse.org/
- docxtractr　https://github.com/hrbrmstr/docxtractr

　dplyrパッケージには、本章で紹介し切れなかったデータ整形のための機能がまだまだあります。"R for Data Science" [注3] が実例を交えて詳細に解説しています。

- R for Data Science　https://r4ds.had.co.nz/

注3　「Rではじめるデータサイエンス」Hadley Wickham、Garrett Grolemund 著, 黒川利明 訳, 大橋真也 技術監修, オライリー・ジャパン, 2017年.

Chapter

3

グラフ描画の
基本と応用

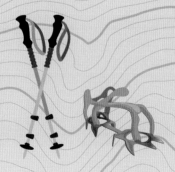

3 - 1

グラフ描写を効率化する重要性

データを理解し説明するうえで、グラフは重要な存在です。

- データはどんなグループから構成されているのか
- グループの違いを生む変数は何か
- 変数間にどんな関係があるか

　グラフはこういった疑問に対して視覚的に応えてくれます。相関行列などのデータ理解に役立つ統計的手法もありますが、それだけで使うとグループや外れ値などの存在を見逃すおそれがあります。その代表的な例にアンスコムの数値列があります。図3.1に示した通り、グループごとに点の分布が異なる一方で、xとyの平均値と標準偏差、回帰直線がよく一致しています。あくまで人工的なデータセットですが、データ理解における可視化の重要性がよくわかります。

図3.1　アンスコムの数値列。グループごとに点の分布が明らかに異なるものの、十字で示した各軸の平均値と標準偏差や破線で示した回帰直線がよく一致している

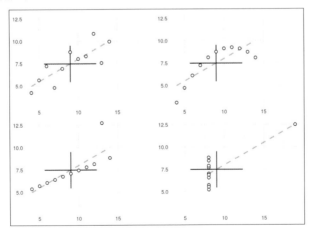

　表計算ソフトは気軽さの点で優秀なグラフ描写ソフトになりえますが、グラフ

の数や複雑さが増すにつれて以下のような問題に悩まされます。

- 似た操作を繰り返す
- 以前に作ったグラフの作り方がわからず再現できなくなる
- どのグラフがどこにあるかわからない
- ファイルを開くのに時間がかかる

　これらの問題を一挙に解決するのがプログラミングです。プログラミングによって、以下のようなことが可能になります。

- 過去のコードの参照・流用
- 図の保存先のコード化
- データとグラフを別ファイルに分離

　これによってわずらわしい問題に割く時間が減ると、作業の効率化につながるとともに、以下のようなデータの理解・説明に本質的な問題に時間を使うことができます。

- 数ある変数からどれを選ぶか
- 変数の値のどの範囲に注目するか
- 散布図や箱ひげ図などさまざまな形のグラフの中からどれを選ぶか

　Rでグラフを描く方法は多種多様ですが、本書では使いやすさやシェアの大きさの観点からggplot2パッケージを紹介します。ggplot2パッケージを使うと統一的な方法で効率的にさまざまなグラフを描写でき、微調整も簡単です。一方でこのパッケージは膨大な数の関数を提供しているので、はじめは戸惑うかもしれません。しかし、各関数の用途に応じた名前の規則性が見えてくれば、扱いがスムーズになり、ヘルプやWeb検索から目的の関数や用例を探しやすくなるはずです。

　そこで、本章ではまず、ggplot2パッケージの基本の理解と概要の把握を目標にし、網羅的な関数やレシピの紹介は他書に譲ります。グラフ描写の際にありがちなポイントを、具体的な解決方法とともに紹介することで、どんなときにどん

な関数を使えばいいかイメージできることを目指します。

　その後、データの理解・説明を促進する便利な使い方を紹介していきます。グラフの種類によらず役に立つという観点から、データの理解・説明を促進する機能を選びました。

3-2
統一的な記法によるグラフ描写（ggplot2 パッケージ）

　ggplot2パッケージは読みやすいコードで見た目の整ったグラフ作成を可能にします。また、細かい調整なしに公開可能な完成度のグラフを作成できるよう設計されています。例えば、凡例が自動生成される点はR標準のグラフ描写用関数である**plot**関数との大きな違いでしょう。さらにggplot2パッケージは次のような作図の各手順に専用の関数を用意しています。

1. 可視化したいデータフレームを指定する
2. データフレームから列を選びx軸やy軸、色などに割り当てる（マッピングする）
3. 散布図や折れ線グラフなどの可視化方法を指定する

　そして、この結果を1つずつ**+**演算子によってレイヤとして重ねていく文法をとります[注1]。それぞれ、1には**ggolot**関数、2には**aes**関数、3には散布図なら**geom_point**関数を用います。レイヤの組み合わせを変えることで、驚くほど柔軟にグラフを描けるようになります[注2]。試しにggplot2パッケージに付属の**diamonds**データセットを用いてダイアモンドの価格（price）とカラット数（carat）と色（color）の関係を可視化してみましょう。

注1　文法の基礎にはggplot2パッケージの接頭辞の "gg" の由来であるGrammar of Graphics (Wilkinson, 2005)
　　　があります。
　　　Wilkinson, Leland. 2005. The Grammar of Graphics. 2nd ed. Statistics and Computing. Springer.

注2　ggplot2パッケージの柔軟な設計は第三者による拡張パッケージ作成をも容易にしました。「ggplot2 extensions」
　　　というWebサイトは拡張パッケージを蒐集し一覧しています (http://www.ggplot2-exts.org/)。

```
# ダイヤモンドの価格・カラット数・色の関係を散布図として可視化

# ライブラリ読み込み
library(ggplot2)

# 可視化
ggplot(diamonds) + # 可視化したいデータフレームの指定
  aes(              # 列名をx軸、y軸、色に割り当て。引用符は使わない
    x = carat,
    y = price,
    color = color
  ) +
  geom_point()      # 散布図として可視化
```

図3.2　ダイヤモンドの価格 (price) とカラット数 (carat) と色 (color) の散布図による比較

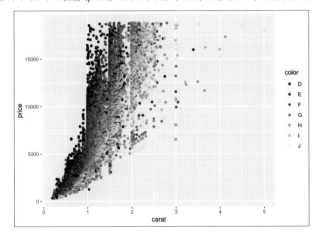

ダイヤモンドの色合い (**color**列) は無色なものが最高ランクのDです。以降は色の濃さに応じてE、F、G、H、I、Jとランクが落ちていきます。図3.2からは無色なほどカラット数 (**carat**列) が小さくても価格 (**price**列) が高くなる傾向が伺えます。

このようにggplot2パッケージを用いると、きれいなグラフを読みやすいコードで簡単に作成できます。また、ほとんどの関数の名前は種類ごとに接頭辞が決まっており、コードの読みやすさに寄与しています。例えばグラフの種類を指定するものなら**geom**から始まり、テーマに関するものなら**theme**から始まります。この命名規則はドキュメントの検索や、RStudioなどのIDEによる入力補完を容

易にし、素早い入力と効率的な学習を実現してくれます（図3.3）。

図3.3　RStudioによる入力補完。**geom_**と入力してから Tab キーを入力すると、グラフの種類を指定する関数の一覧を表示できる。↑や↓キーで関数を選びながらヘルプも閲覧でき、必要な関数の名前が分からないときに役立つ。選択を確定するには、Tab か Enter を入力する

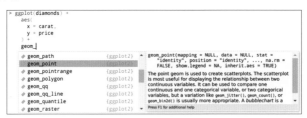

　本章ではggplot2パッケージ以外にも、グラフ作成前のデータ処理やggplot2パッケージの拡張を目的としたさまざまなパッケージが登場します。そこで、ggplot2以外のパッケージの関数を使う際は、どのパッケージの関数かわかりやすいように**パッケージ::関数**の記法を使います[注3]。例えば**dplyr::mutate**はdplyrパッケージから**mutate**関数を呼び出します。この記法を使うと次のような利点があります。

- どの関数がどのパッケージ由来かわかりやすく、読みやすいコードになる
- **library**関数を使わずに任意のパッケージの関数を呼び出せる
- 複数のパッケージが同名の関数を定義している場合でも、指定した通りのパッケージの関数を呼び出せる

本章では主にコードの可読性向上を目的に使用しています。

▌基本的な使い方

　ggplot2パッケージによるグラフ作成の基本要素は**ggplot**関数、**aes**関数、**geom**関数群です。まずはこれらの関数の使い方を見ていきましょう。ほとんど

注3　実際には関数に限らず、パッケージが定義している変数も呼び出せます（例：ggplot2::diamondsはデータフレーム）。また、パイプ演算子（%>%）など演算子を定義するパッケージに関しては library 関数を使って読み込みます。Rでは演算子も関数であり magrittr::`%>%` などとして演算子を「関数」として呼び出すことができます。しかしこの方法では演算子としての利用ができないので、:: を使わずに利用できる必要があります（例："example" magrittr::`%>%` print() は無効）。徹底的に library 関数を排除する場合は `%>%` <- magrittr::`%>%`といった具合にグローバル環境に変数として代入して使う手もあります。

の場合、これらの関数だけで配色や凡例が整った、実用的な可視化ができてしまいます。

発展的には、カラーパレットなどを調整する**scale**関数群や、座標系を調整する**coord**関数群、テーマを調整する**theme**関数群などがあります。いずれも膨大な数の関数があるので、データの理解・説明の効率化の観点から利用頻度の高い用例を後述します。網羅的に理解したい場合は、公式ドキュメントを参照してください[注4]。コードと出力結果のグラフがわかりやすく併記されています。

グラフに使うデータフレームの指定 (ggplot関数)

ggplot関数はグラフの土台を作成する関数です。ggplot2パッケージを用いてグラフを作成をするときに最初のレイヤとして一度だけ用います。先の例では**ggplot(diamonds)**として**diamonds**というデータフレームを指定しました。

データフレームの列を軸や点の色に指定 (aes関数)

aes関数はデータフレームのどの列をx軸やy軸、色などに割り当てる(マッピングする)かを指定します。列名の割り当てには、dplyrパッケージの**select**関数や**mutate**関数と同じく引用符を用いません。計算式の割り当ても可能で、簡易的な集計結果の可視化に便利です。先の**diamonds**データセットのグラフを1カラット以上か否かで色分けしてみましょう。それには**aes**関数に**color = carat >= 1**を追加で指定します[注5]。

```
# ダイアモンドのカラット数と価格の関係の散布図を
# 1カラット以上か否かで塗り分ける
ggplot(diamonds) +
  aes(x = carat, y = price, color = carat >= 1) +
  geom_point()
```

注4　https://ggplot2.tidyverse.org/reference/index.html
注5　**color**引数は厳密には**colour**引数の別名です。しかし気にせず好きな方を使いましょう。

図3.4　ダイヤモンドの価格（price）とカラット数（carat）の比較。1カラットを境に点の色を変更

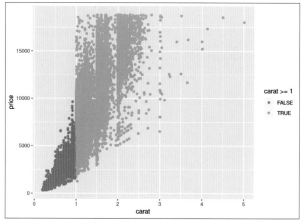

　1カラットを超えると途端に価格が上がる傾向が見てとれます（図3.4）。注意して見ると、1.5カラットや2カラットを超えるときにも急に値上がりしていることがわかります。不連続な値上がりが起きるごとに色分けしてみると良い練習になるでしょう。

　このように、aes関数内での集計は探索的なデータ解析を行う際に威力を発揮します。一方で計算速度やコードや凡例の可読性を犠牲にします。できればdplyrパッケージなどを用いて事前に集計しておくことをおすすめします。

　ところでaes関数の名前の由来は、美容のエステと同じ「aesthetics」（エステティクス）です注6。日本語ではしばしば審美的属性と訳されます。グラフ全体の審美的属性を割り当てるには、aes関数をレイヤとして実行するか、ggplot関数にmapping引数で実行します。また、geom関数群のmapping引数を使うと、レイヤごとに個別の審美的属性を指定できます。例えば、diamondsデータセットを用いて、横軸に価格（price）を、縦軸にダイヤモンドの長さ（x）を割り当てる場合、以下の3通りの書き方ができます。

注6　aes関数の発音は語源にならった「エス」や、アルファベットを読み上げた「エーイーエス」など、さまざまです。同様にgeom関数群についても語源である「geometry（ジオメトリ）」にならって「ジオム」と発音する人もいれば「ゲオム」と発音する人もいます。

```
# 審美的属性の指定方法3パターン (結果省略)
# 1. mapping変数をレイヤとして利用
ggplot(diamonds) +
  aes(x = carat, y = price) +
  geom_point()
# 2. mapping変数をggplot関数のmapping引数に指定
ggplot(diamonds, mapping = aes(x = carat, y = price)) +
  geom_point()
# 3. mapping変数をgeom_point関数のmapping引数に指定
ggplot(diamonds) +
  geom_point(mapping = aes(x = carat, y = price))
```

3

　なお、**geom**関数群は、自身に直接割り当てられた審美的属性を優先しつつ、自身が利用可能な審美的属性が全体にも割り当てられていれば自動的に利用します。例えば全体のx軸とy軸にカラット数 (**carat**) とテーブルの大きさ (**table**) を割り当てたあと、**geom_point**関数でy軸に価格 (**price**) を割り当てると、x軸とy軸がカラット数と価格の散布図が完成します。

```
# geom関数群によるグラフ全体の審美的属性のオーバーライド
#  (結果省略)
ggplot(diamonds) +
  aes(x = carat, y = table) +
  geom_point(aes(y = price)) # x = carat, y = priceに相当
```

グラフの種類を選ぶ (geom 関数群)

　geom関数群はグラフの形態 (geometry) を指定する関数の集まりです[注7]。散布図を表現する**geom_point**関数や折れ線グラフを表現する**geom_line**関数などがあります。1つのグラフ中で複数の**geom**関数を組み合わせることで多彩な表現が可能です。

　例えば**geom_point**関数と**geom_line**関数を組み合わせると、点と点を線でつなぐことができます。この組み合わせは時系列データを表現する際に威力を発揮します。実際に**ChickWeight**データセットを用いて、鶏の雛の体重 (**weight**列) の時系列 (**Time**列) 変化と、餌の種類 (**Diet**列) の関係を可視化してみましょう。ここでは見やすさを重視して、同日に同種の餌を与えた雛の体重の中央値を関数

注7　geom関数群と似た役割を果たすstat関数群もありますが、本書では紹介しません。

で集計し[注8]、その推移を可視化します（図3.5）。可視化にあたって**aes**関数では、**x**引数に計測開始から何日めかを示す**Time**列を、**y**引数に日ごとの体重の中央値を示す**weight**列を、**shape**引数に餌の種類を示す**Diet**列を指定します。

```
# 同日に同種の餌を与えられた雛の体重の中央値を集計
library(magrittr)
chick_weight <- ChickWeight %>%
  dplyr::group_by(Diet, Time) %>%
  dplyr::summarize(Weight = median(weight), .groups = "drop")

# 体重の中央値の推移を餌ごとに可視化する
ggplot(chick_weight) +
  aes(x = Time, y = Weight, shape = Diet) +
  geom_line() +
  geom_point(size = 4)
```

図3.5 雛鳥の体重の中央値（Weight列）の時間（Time列）と餌（Diet列）による変化

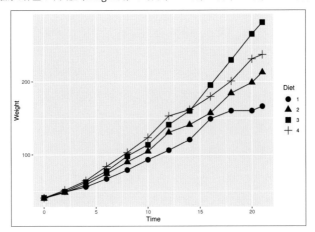

　点だけでは時系列を追いにくく、折れ線だけでは記録した時期が曖昧になります。両者を組み合わせることで、雛の成長が読み取りやすくなりました。3の餌を与えると雛の発育がよくなる傾向がありそうです。

注8　集計では**dplyr::groupby**関数で**Diet**列と**Time**列の2列でグループ化し、**dplyr::summarize**関数でグループごとの中央値を計算しています。**dplyr::summarize**関数が出力するデータフレームのグループ構造を調整するには、試験的に導入されている**.groups**引数を使います。今回は**.groups = "drop"**を指定して、グループを解除しました。他には、グループ構造を保つ**"keep"**やグループ構造を一段解除する**"drop_last"**などを選択できます。未指定の場合、グループごとの集計結果が1行ならば**"drop_last"**として動作し、複数行なら**"keep"**として動作します。状況に応じて出力が変わるとしばしば予期せぬ事故を生むので、**.groups**引数の利用をおすすめします。

　ところで先の例では、`geom_point`関数の引数に`size = 4`を指定し、点を大きく表示して見やすくしました。同様に`color = "red"`とすると点の色が赤く、`alpha = 0.5`とすると点の色が半透明になります。これらの引数はいずれも`geom_point`関数が利用する審美的属性の名前です。審美的属性を`aes`関数を使わずに`geom`関数群の引数に割り当てると、指定した通りの値がサイズや色、透明度になります。

　ggplot2パッケージで描写できるグラフは以下のように多岐にわたります。

- 棒グラフ（`geom_bar`関数）
- 箱ひげ図（`geom_boxplot`関数）
- 密度分布（`geom_density`関数）
- ヒストグラム（`geom_histogram`関数）
- 地図（`geom_map`関数）
- 回帰曲線（`geom_smooth`関数）

　利用できるグラフを調べるには、Web版ヘルプの「Geoms」の項が便利です[注9]。関数一覧とピクトグラムが併記されていて、絵から目的の関数を探せます。また、各関数のページ下部には用例（Examples）が掲載されており、実際にコードを実行したときの作例を確認できます。

　本節では、ggplot2パッケージの紹介範囲を基本的な使い方と豆知識に留めました。さらに詳しく学びたい方のために、「3-12 まとめ」節の節末に書籍やWeb上の記事を紹介します。

3-3
グラフの色や形を変更（scale関数群）

　以下のような理由から、ggplot2パッケージのデフォルトとは異なる色や形が必要な場合があります。

注9　https://ggplot2.tidyverse.org/reference/index.html#section-geoms

- 色覚の多様性を考慮したい
- 正常値を●、外れ値を×で示したい

これらはscale関数群で調整します。

　aes関数は、データフレームのどの列を色や形、サイズなどに指定するか決める関数でした。scale関数群は指定した列の値をどう表現するかを決めます。scale関数群の名前は基本的にscale_{審美的属性の名前}_{どんな風に使うか}といった構成になっています。例えばscale_shape_manual関数なら、shape審美的属性の各値に対応させる形を手動で指定します。具体的な用例をいくつか紹介しましょう。

▌色覚多様性や印刷環境への対応

　ggplot2パッケージは審美的属性のcolorやfillの値に応じて、グラフの配色を自動的に決めます。しかし、デフォルトの配色はコントラストが弱い場合や、色覚多様性・印刷環境によって識別できない場合があります。必要に応じて配色を変更しましょう。便利な配色の1つはviridisです。以下のようなメリットがあります。

- 色覚多様性に配慮している
- 白黒印刷するとグレースケールになる
- 紫、緑、黄とカラフルな色使い
- 数値データを割り当てても、色の明るさで値の高低を識別できる

　例えば、color審美的属性が数値のときは、scale_color_viridis_c関数をレイヤとして追加します。

```
# 散布図の点をviridisで色付け
ggplot(mtcars) +
  aes(wt, mpg, color = cyl) +
  geom_point(size = 3) +
  scale_color_viridis_c()
```

図3.6　車の重量（wt）と燃費（mpg）とシリンダー数（cyl）の比較。点の配色はviridisに基づく

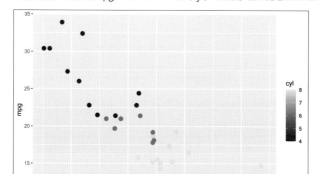

3

　ここでは color 審美的属性が連続値なので **scale_color_viridis_c** 関数を用いています（図3.6）。文字列や論理値の場合は **scale_color_viridis_d** 関数を使いましょう。同様に、**fill** 審美的属性を利用する場合は、**scale_fill_viridis_c** 関数や **scale_fill_virids_d** 関数を用います。また、これらの関数では、**option** 引数を指定することで、viridisと同様のコンセプトを持った異なる配色を利用できます[注10]。例えば引数に **option = "magma"** を指定すると、黒から紫、赤、淡い黄色の順に色が変わります。

　前述した通り、viridisにはいくつものメリットがあります。一方で、輝度が単調に変化するので、序列のないカテゴリカルな値にも序列があるように見えるおそれがあります。このようなときはcolorblindrパッケージの **scale_color_OkabeIto** 関数と **scale_fill_OkabeIto** 関数が便利です。色覚多様性に配慮した配色の中でも利用できる色の数が8色と多い特徴があります。8色以上欲しい場合もあるかもしれませんが、凡例との対応関係の把握が困難になるので、色だけに頼らない表現方法をおすすめします。

散布図の点の形に意味を持たせる

　散布図の点の形に意味を持たせたいときがあります。

[注10]　**option** 引数に指定可能な配色の種類とその例 https://cran.r-project.org/web/packages/viridis/vignettes/intro-to-viridis.html#the-color-scales

- 正常値を●、外れ値を×で示す
- 優劣を●、▲、×で示す

　このようなときには、shape審美的属性に割り当てた列が、どんな値ならどん
な形になるか、scale_shape_manual関数を用いて対応付けます。

　例として正常値（good）と外れ値（bad）の2種類のデータを含む散布図を描い
てみましょう。デフォルトでは点の形はcondition列の値が"good"なら▲、
"bad"なら●になります（図3.7a）。●の方が▲より優位に感じて、実際の値との
離齬に違和感を覚える方がいるかもしれません。そこでcondition列の値が
"good"な点を●、"bad"な点を×で表示すると、より直感的なグラフができま
す（図3.7b）。これには、c(good = "circle", bad = "cross")のように列の値
を名前に持ち、形の種類を値に持つ、名前付きベクトルをscale_shape_manual
関数のvalues引数に指定します。

```r
# 外れ値を含むデータの作成
d <- data.frame(
    condition = "good",
    x = runif(100, 0, 10)
  ) %>%
  dplyr::mutate(y = rnorm(dplyr::n(), x)) %>%
  tibble::add_row(x = 8, y = 1, condition = "bad")

# 外れ値を含む散布図の作成
g <- ggplot(d) +
  aes(x, y, shape = condition) +
  geom_point()

# (a) 点の形をパッケージにまかせて表示
g
# (b) 点の形はデータが正常なら●で、外れ値なら×にする
g + scale_shape_manual(
  values = c(good = "circle", bad = "cross")
)
```

図3.7 外れ値を含む散布図。(a) 点の形をパッケージにまかせた場合。(b) 点の形を指定した場合。正常なら●で、外れ値なら×とすることでaよりも直感的な仕上がりになる

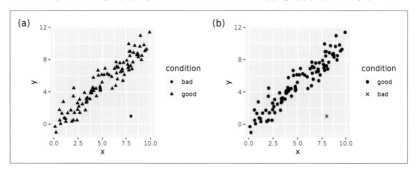

図3.7のaとbでは、散布図の点の形に加え、凡例の順序が異なる点に注目してください。通常の凡例はアルファベット順に並びますが、**scale_shape_manual**関数を使うと**values**引数に指定した通りの順に凡例を並べ替えられます。また、**scale**関数群が不要な場合は、forcatsパッケージ^{注11} の **fct_relevel** 関数を用いて値の順序をデータフレームに記録する手もあります。以下のように変数dを変更したうえで、グラフを書き直してみてください。

```
# condition列を凡例に利用したとき、
# goodがbadより順序が上にくるように変数dに前処理を加える
d <- d %>%
  dplyr::mutate(
    condition = forcats::fct_relevel(condition, "good", "bad")
  )
g <- ggplot(d) +
  aes(x, y, shape = condition) +
  geom_point()
```

散布図の点を縁取る

色に関する審美的属性にはcolorとfillがあります。多くの場合、color審美的属性は枠線、fill審美的属性は内部の塗りつぶしの色に対応します。しかし散布図はある種の例外で、基本的にcolor審美的属性で指定した値が点全体の色になり、fill審美的属性は無視されます。このため、散布図の点を黒縁にし、内側

注11 tidyverseパッケージに同梱されています。

の色を変化させようとして失敗する例があとを断ちません（図3.8）。

```r
# （a）散布図の点の枠線と塗り潰しがうまく反映されない例
ggplot(mtcars) +
  aes(wt, mpg, fill = cyl) +
  geom_point(color = "black", size = 3)

# （b）散布図の点の枠線と塗り潰しがうまく反映される例
ggplot(mtcars) +
  aes(wt, mpg, fill = cyl) +
  geom_point(
    color = "black",
    size = 3,
    shape = "circle filled"
  )
```

図3.8　車の重量（wt）と燃費（mpg）とシリンダー数（cyl）の関係。（a）は点の内側の色をシリンダー数に応じて変えようとして失敗した例。（b）は点の内側の色を正しく変化させている

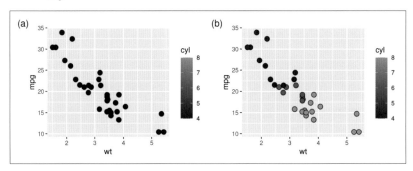

　geom_point関数でcolor審美的属性とfill審美的属性を使い分けるには、shape審美的属性を用いて以下の4種類のいずれかの形を番号か名前で選びます。

21. circle filled
22. square filled
23. diamond filled
24. triangle filled

　すべての点を丸にしたい場合は、`geom_point`関数の引数に`shape = 21`また
は`shape = "circle filled"`と指定しましょう。`shape`審美的属性に割り当て
た列に値に応じて形状を変更する場合は、`scale_shape_manual`関数を使って列
の値と点の形を対応付けます（図3.9）。

```r
# 散布図で塗り潰し可能な形を複数利用する例
ggplot(mtcars) +
  aes(
    wt, mpg, fill = cyl,
    shape = as.factor(am) # shape審美的属性に数値は使えない
  ) +
  geom_point(color = "black", size = 3) +
  scale_shape_manual(
    name = "am", # 凡例のタイトルを「as.factor(am)」から変更
    values = c( # am列の各値（0または1）に割り当てたい形を指定
        "1" = "circle filled",
        "0" = "triangle filled"
      )
  )
```

図3.9　車の重量（wt）と燃費（mpg）とシリンダー数（cyl）、変速機の種類（am）の関係

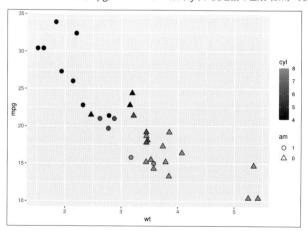

3 - 4

軸の調整（scale関数群とcoord関数群）

以下のような理由から、軸を調整したい場合があります。

- 対数軸を用いたい
- 特定領域を拡大したい

　このようなときは、**scale**関数群で軸の値を対数に変換し、**coord**関数群で軸の範囲を調整します。

対数軸の利用

　対数軸は極端に値の範囲が広いデータの可視化に便利です。例えば、diamondsデータセットでカラット数（**carat**列）のヒストグラムを作成すると、通常のスケールでは2.5カラットより大きいダイヤモンドのデータ数を認識できません（図3.10a）。y軸を対数スケールに変換すると、頻度が1の場合を除いてすべてのデータの頻度を確認できます（図3.10b）[注12]。データの見落としを防ぐには、例のように**geom_rug**関数を用いてラグプロットをレイヤに追加するとよいでしょう。x軸に沿ってデータがある部分に縦棒を表示するので、それがまばらなのか集まっているのかで分布を把握できます。

```
# ヒストグラムの作成
g <- ggplot(diamonds) +
  aes(carat) +
  geom_rug() +
  geom_histogram()

# （a）通常の軸のグラフ
g
# （b）y軸が対数スケールのグラフ
g + scale_y_log10()
```

注12　積み上げヒストグラムでは係数に対数軸を使わないでください。上に積み上がった系列ほど、係数の割に棒の高さが低く見えてしまい誤解のもととなります。

図3.10　ダイヤモンドのカラット数（carat）のヒストグラムとラグプロット。（a）通常の軸を用い
たグラフ。ラグプロットが2.5カラット以上のデータの存在を示すがヒストグラムとし
ては認識できない。（b）y軸に対数スケールを適用したグラフ。頻度が1の場合を除き、
頻度を読み取れる

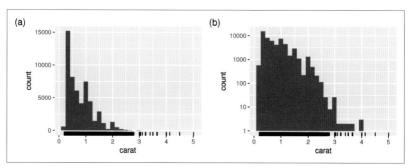

特定領域の拡大

特定の領域を拡大すると、重なり合っているデータの関係が明らかになり、隠
れた情報を発見できることがあります。拡大するには**coord_cartesian**関数に
xlim引数と**ylim**引数を指定します。ggplot2パッケージには、これらの引数と同名
の関数がありますが、指定範囲外の値を欠損値として扱う点に注意してください。

例えば、**mtcars**データセットの車重（**wt**列）と燃費（**mpg**列）を散布図と回帰
曲線を用いて比較してみましょう（図3.11）。

1. 全体を表示
2. **coord_cartesian(xlim = c(3, 4))**としてx軸の表示範囲を3から4に制限[注13]
3. **xlim(3, 4)**として車重が3から4の間にないデータを欠損値（**NA**）に変換

bはaの一部を拡大したグラフに相当します。一方でcは表示範囲外のデータ
を欠損値扱いしたため、回帰曲線が表示範囲内で再計算されています。このため、
目的が表示範囲の拡大ならば、**xlim**関数よりも**coord_cartesian**関数が適切です。

注13　デフォルトでは制限した範囲より若干広く表示されます。表示範囲を厳格に摘要するには、**expand**引数に
FALSEを指定してください。

```
# 車重と燃費の関係を散布図と回帰曲線で比較する
g <- ggplot(mtcars) +
  aes(wt, mpg) +
  geom_point() +
  geom_smooth(se = FALSE) # 回帰曲線。信頼区間は非表示

# (a) 全領域を表示
g
# (b) 指定範囲のみ表示
g + coord_cartesian(xlim = c(3, 4))
# (c) 指定範囲外を欠損値に変換
# 欠損の発生と回帰直線の再計算が起きている旨の警告が発生
g + xlim(3, 4) # scale_x_continuous(xlim = c(3, 4)) と同じ
```

```
Warning: Removed 16 rows containing non-finite values (stat_smooth).
Warning: Removed 16 rows containing missing values (geom_point).
```

図3.11 車の重量 (wt) と燃費 (mpg) を比較した散布図。(a) 値の全域を表示。(b) wtの表示範囲を3から4にcoord_cartesian関数を用いて制限。(c) bと同様の操作をxlim関数で行なった。bはaの一部分を拡大したグラフに相当するが、cは指定範囲外の点を除いて回帰曲線を再計算している点に注意

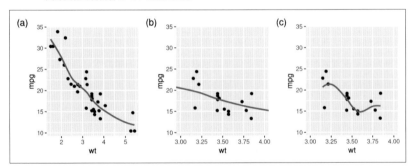

凡例／軸のラベルを変更 (labs関数)

　凡例や軸のラベルにはaes関数に指定したデータフレームの列名や、計算式がそのまま表示されます (図3.12a)。しかし、以下のような問題がよく発生します。

- データフレームの列名はコーディング向けに英数字で、さらには略称の場合もあり、意味が伝わりにくい
- 集計・変換を行う式は不必要な情報をグラフに描写し、空間を無駄に占有する

これでは、データ理解や説明の際に、誤解を発生させるもとになります。凡例や軸のラベルを変更しましょう。

ラベルを書き換えるには labs 関数を使います。labs(x = "車重(1000lbs)")といった具合に、引数名に審美的属性の種類を、値に欲しいラベルを指定します。審美的属性の他には title や subtitle、caption、tag を指定できます。図3.12b では、x軸とy軸を日本語に直して単位を与え、凡例のラベルを NULL にして除去し、タイトルを付けました。図3.12a よりもわかりやすくなっています。

```r
# 車の重量と燃費の比較
g <- ggplot(mtcars) +
  aes(x = wt,
      y = mpg,
      shape = ifelse(am == 1, "AT車", "MT車")) +
  geom_point(size = 3)

# （a）ラベルの調整なし
g
# （b）ラベルの調整あり
g + labs(
    # 審美的属性ごとのラベル変更
    x = "車重 (1000lbs)",
    y = "燃費 (miles/(US) gallon)",
    shape = NULL,
    # その他のラベル変更
    title = "車の重量と燃費の関係"
  )
```

図3.12　車の重量と燃費の比較。(a) は軸や凡例のラベルをパッケージまかせにし、(b) はラベルを手動で調整

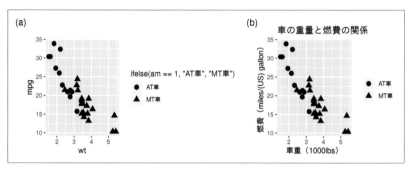

3 - 6

日本語表示のための RStudio の設定

　グラフ上での日本語表示は、Windowsではあまり問題になりません。しかし、macOSでは英数字以外が「□」、いわゆる豆腐文字になってしまいます。ここで紹介する設定を行うと、macOSでもフォントを指定することなく日本語を表示できるようになります。さらにはグラフの表示が高速化し画質も改善するので、macOSに限らずWindowsでも設定することをおすすめします。

　RStudioのメニューから「Tools」→「Global Options...」→「General」→「Graphics」をたどり、「Backend」欄を「AGG」に変更しましょう（図3.13）。これだけで豆腐の問題を避けることができます。このときraggパッケージのインストールを案内される場合がありますので、案内にしたがってください。

図3.13　グラフィックデバイスのBackendにAGGを指定すると、システムにインストールした
　　　　任意のフォントをグラフに利用できる

3-7

テーマを変えフォントを指定する（theme関数群）

　フォントなどグラフのデータとは関係ない要素の見た目を変更するには**theme**
関数群を利用します。特に**theme_gray**関数や**theme_classic**関数などテンプレー
トテーマを提供する関数は、**base_family**引数を備えており、グラフ中の各要素
のフォントを一括指定できます。これまで紹介してきた関数と同様に、レイヤを
追加する方法が基本です。例えば散布図の軸のタイトルや目盛の数値を「IPAex
ゴシック」フォントで表示してみましょう（図3.14）[注14]。

注14　「IPAexゴシック」フォントは無料で使えるドキュメント用日本語フォントの標準的な実装です。情報処理推進
　　　　機構（IPA）が全権利を所有しています。https://moji.or.jp/ipafont/

```
# ミニマルなテーマでフォントにIPAexGothicを使う
ggplot(mtcars) +
  aes(wt, mpg) +
  geom_point() +
  theme_minimal(base_family = "IPAexGothic")
```

図3.14　ggplot2パッケージで作成するグラフにIPAexGothicフォントを適用した例

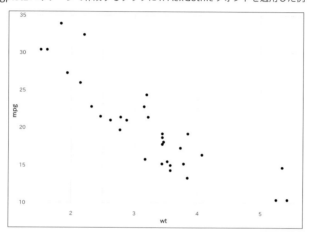

　厳密にはフォントの適用対象は軸ラベルやタイトルなど、テーマが管理対象とする要素のみです。geom関数群は対象外ですので、別途、family審美的属性を用いて指定します（例: geom_text(family = "IPAexGothic")）。

　より詳細な調整はtheme関数を使います。しかし、最初は覚えることが多いので、ggThemeAssistパッケージの助けを借りるとよいでしょう。以下のようにggThemeAssistGadget関数にグラフを与えると、グラフのテーマをマウス操作で変更できる画面が起動します。変更したら画面右上の「Done」をクリックすると、theme関数を使ったコードが出力されるので、関数の使い方を覚えていなくても大丈夫です。

```
# グラフのテーマをggThemeAssistパッケージを使って調整する
g <- ggplot(mtcars) + aes(wt, mpg) + geom_point()
ggThemeAssist::ggThemeAssistGadget(g)
```

セッション中のテーマを統一する

Rを終了するまで、一貫して同じテーマを利用したい場合は、**theme**関数群の実行結果を**theme_set**関数に与えます。

```
# デフォルトフォントをIPAexゴシックに変更する
theme_set(theme_gray(base_family = "IPAexGothic"))
```

「3-6 日本語表示のためのRStudioの設定」節の内容にしたがってグラフィックデバイスにAGGを指定しておくと、**systemfonts::system_fonts**関数が表示するフォントをすべて利用できます。systemfontsパッケージはraggパッケージをインストール済みであればすでに利用できます。この関数の返り値はデータフレームで、**family**列の文字列がフォント名です。以下のように**stringr::str_subset**関数を使って検索するとよいでしょう。

```
library(magrittr)
systemfonts::system_fonts()$family %>%
  unique() %>%
  stringr::str_subset("IPA")
```

```
[1] "IPAexMincho" "IPAexGothic"
```

3-8
画像として保存

第三者への共有を簡単にするために、グラフを画像として保存します。本書ではプログラムとして実行できる**ggsave**関数と、サイズや拡張子をマウスで操作できるRStudioのGUIを用いた方法を紹介します。ソースコードと画像を同時に共有したい場合は、次章で紹介するR Markdownの利用を検討してください。

■ ggsave関数による画像の保存

保存したいグラフのサイズが決まっているときは **ggsave** 関数が便利です。データを更新するたびにグラフを更新したいといった自動化に利用できます。基本的には5つの引数を以下のように指定します。

- **filename** 引数に保存したい画像の名前を拡張子付きで指定（例：**"mtcars.png"**）
- **plot** 引数に ggplot オブジェクトを保存しておいた変数を指定
- **width** 引数と **height** 引数に画像のサイズを指定
- **units** 引数に画像のサイズの単位を指定。既定値は **"in"**（インチ）で、他に **"cm"** と **"mm"** を選択可能

実際にグラフを画像に保存してみましょう。

```
# ggplotオブジェクトを変数に保存
g <- ggplot(mtcars) +
  aes(wt, mpg) +
  geom_point()

# ggplotオブジェクトを5cm四方の画像に保存
ggsave(
  filename = "mtcars.png",
  plot = g,
  width = 5,
  height = 5,
  units = "cm"
)
```

さらに出力形式を変更したい場合は **device** 引数を指定します。基本的には png や jpeg などの拡張子を指定して使いますが、高品質な出力を得るにはデバイス関数の指定を推奨します。表3.1に挙げたデバイス関数は、日本語フォントを利用するうえで ggplot2 パッケージの使い方さえ覚えておけばよいので手軽でおすすめです。例えば **ragg::agg_png** 関数を指定したコードは以下の通りです。

```
ggsave("example.png", g, device = ragg::agg_png)
```

表3.1　日本語フォントの扱いが容易なデバイス関数一覧。raggパッケージとsvgliteパッケージ
は別途インストールが必要。また、macOSユーザーが**cairo_pdf**関数を使用するには、
XQuartz[注15]のインストールが必要

拡張子	デバイス関数
png	`ragg::agg_png`
jpeg	`ragg::agg_jpeg`
pdf	`cairo_pdf`
svg	`svglite::svglite`

▎RStudioのGUIによる画像の保存

　保存したいグラフのサイズが決まっていないときは、RStudioのGUIを使うと
便利です。Plotsペインにグラフを表示してから、「Export」→「Save as image…」
の順にクリックすると（図3.15）、グラフの保存方法を設定する画面が立ち上がり
ます（図3.16）。保存したい画像の形式とサイズを指定して「Save」しましょう。
サイズ変更後の様子は、「Update Preview」ボタンを押すと確認できます。

図3.15　RStudioのPlotsペインからExportメニューを展開すると、グラフを画像やPDFに保存
できる

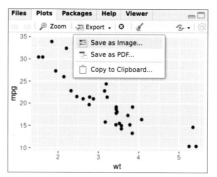

図3.16　グラフを画像に保存するときのファイル名やサイズを指定する画面。「Update Preview」ボタンを押すと、指定したサイズのグラフを確認できる

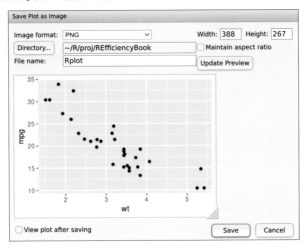

3-9

特定のデータを強調

　探索的にデータを分析しているときや他者にデータを説明しているときに、次のような課題があがります。

- グラフ内の何が重要なのか示したい
- 関連するグラフを比較したい
- 気になった箇所をあとからコーディングせずに掘り下げたい

　これらはggplot2パッケージだけで実現できないこともあります。本節から3-11節では追加パッケージを利用してこれらの問題を解決する方法を解説します。ひとつひとつが便利なテクニックですが、グラフ間のどこを比べたいかを強調するなど、組み合わせることでさらに威力を発揮します。

　注目したい、あるいは注目して欲しいデータを強調すると、データを理解・説

明しやすくなります。そこで本節では一部のデータだけにラベルや色を付ける方法を紹介します。

ラベルで強調 (ggrepelパッケージ)

　ラベルはデータの説明と強調を同時にこなす便利な道具です。ggplot2パッケージは、指定した座標に文字列を表示する方法として**geom_text**関数と**geom_label**関数を用意しています。前者は文字列のみを、後者は背景付きの文字列を描写します。ただし、表示位置に散布図と同じ座標を指定すると、散布図とラベルが重なり読みにくくなります。重なりを避けて手動で調整すると、ラベル数に応じた手間が発生してしまいます。このようなときに、これらの関数を改良した、ggrepelパッケージの**geom_text_repel**関数と**geom_label_repel**関数を試してみましょう。ラベルが散布図や他のラベルに重ならないように自動調整してくれます。

　mtcarsデータセットを用いて、車重と燃費を比較した散布図に、各点の車種をラベル付けしてみましょう。必要な審美的属性は**x**、**y**、**label**の3つです。ggrepelパッケージは、ラベルの座標を自動調整したうえで、ラベルがあまりに元の点から離れた場合には元の点とラベルを線で結びます。したがって、ラベルの**x**審美的属性と**y**審美的属性には散布図と共通の値を指定しておきます。以下の例を掲載しました (図3.17)。

1. すべての車種にラベルを付けた場合
2. 燃費の上位5車種のみにラベルを付けた場合

　aに比べてbは情報が限られるものの、読みやすく注目すべき点が明瞭です。

```
# 車の重量と燃費の比較

# 前処理: 行名をmodel列に変換する
motor_cars <- tibble::rownames_to_column(mtcars, "model")

# 散布図の作成
g <- ggplot(motor_cars) +
  aes(wt, mpg, label = model) +
  geom_point()
```

```
# （a）散布図上のすべての点に車種名をラベリングする
g + ggrepel::geom_text_repel()
# （b）散布図上の燃費が良い車種をラベリングする
g + ggrepel::geom_text_repel(
  data = function(data) dplyr::slice_max(data, mpg, n = 5)
)
```

図3.17　車の重量（wt）と燃費（mpg）の比較。（a）はすべての点に車種をラベル付けし、（b）は
　　　　燃費の良い5車種にラベル付けした

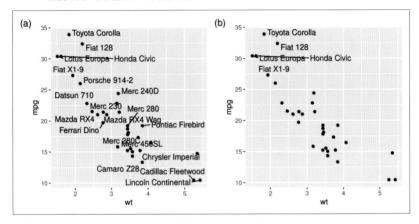

　図3.17bのように一部にだけラベルを表示するには、geom_text_repel関数の
data引数に、データを絞り込む関数を指定します[注16]。今回はdplyr::slice_max
関数を用いて、mpg列の値が上から5番めに高い行まで抽出しました。同様に、
wt列の値が5より大きいデータに絞り込みたい場合は、data引数に
function(x) dplyr::filter(x, wt > 5)と指定します。このdata引数は
geom_text_repel関数に限らず、geom関数群が一般的に備えています。先の例
においてgeom_point関数のdata引数にも同じ関数を指定すると、散布図も燃
費の良い5車種のみが描写されるようになります。

Column
コードを再利用可能にする自作関数

似たような処理を繰り返すとき、素直に書き下すと次のような問題がしば

注16　事前にデータを絞り込んだデータフレームをdata引数に指定してもよいでしょう。

しば生じます。

- 複数の処理の間でどこが違うかわかりにくい
- 変更が生じたときにすべての処理に手を加えなければならない
- 似た処理をどこで行っているか検索しにくい

例えば、$2x^2 + x + 1$ の x をその都度変えながら計算する処理を書き下すと以下のようになります。

```
# 2 * x ^ 2 + x + 1
## 関数を定義せずx = 3とx = 5の場合を計算
f_x3 <- 2 * 3 ^ 2 + 3 + 1
f_x5 <- 2 * 5 ^ 2 + 5 + 1
```

x に値を代入した部分がひと目ではわかりませんし、2つの計算の間に長く大きな処理が入って行間が延びると、ますます比較が難しくなります。また、$2x^2$ は間違いで $3x^2$ だったとなるとすべての計算に修正が必要です。特に何度も似た計算を行っている場合は、修正箇所が多く、見逃しの原因になります。
一方、関数を定義しておくと、以下の通り諸問題を解決でき、コードのメンテナンスコストが下がり、業務の効率化につながります。

- 処理内容の違いは引数で判断可能
- 変更は関数内部にのみ加えればよい
- 処理の実行箇所は関数名で検索できる

実際にこの二次関数の例において、関数定義を利用して書き直すと以下のようになります。

```
# 2 * x ^ 2 + x + 1
## 関数を定義してx = 3とx = 5の場合を計算
quadratic <- function(x) {
  2 * x ^ 2 + x + 1
}
f_x3 <- quadratic(x = 3)
f_x5 <- quadratic(5) # 実行時の引数名は省略可能
```

quadratic が関数の名前、function(x) の x が引数の名前、{}内のコード

が関数の処理内容です。Rでは関数も文字列や数値と同様にオブジェクトの一種なので、関数の命名は変数への代入により行います。引数は `{}` 内で変数として振る舞い、関数実行時に指定した値が代入されます。`{}` 内のコードは複数行にわたって記述できます。そして、最終行の結果は関数の実行結果（返り値）として変数に代入するなど関数外の処理に利用できます。

Column

自作関数で tidyverse を使う

tidyverse に属する dplyr や ggplot2 などのパッケージでは、データフレームの列名をあたかも変数のように扱えます（`dplyr::select` 関数、`dplyr::mutate` 関数、`ggplot2::aes` 関数など）。引用符を使わずに列を選択できる便利さはすでに紹介した通りですが、関数化する際には厄介な性質です。例えば `mtcars` データフレームの任意の列の値に対し箱ひげ図をプロットする関数を定義してみましょう。指定した列を `aes` 関数を使って x 審美的属性にマッピングすればよいので、以下のように `boxplot_mtcars_ng` 関数を定義できそうです。しかし、関数名が示唆する通り、動作させるとエラーが発生します。

```
# mtcarsの任意の列を選んで箱ひげ図にする関数 (失敗例)
boxplot_mtcars_ng <- function(x) {
  ggplot(mtcars) +
    aes(x) +
    geom_boxplot()
}
boxplot_mtcars_ng(wt)
```

```
Error in FUN(X[[i]], ...): object 'wt' not found
```

このとき、ggplot2 パッケージ側では、`aes(x)` の x がどんな値か以下の手順で評価しています。

1. 指定されたデータフレーム (`mtcars`) で x 列を探すが、存在しないので x を変数として扱う
2. 変数 x に引数として `wt` が指定されているので、変数 `wt` の中身を利用しようとする (`wt` 列を利用しない点に注意)
3. 変数 `wt` が存在しないためエラー

この場合はそもそもエラーが生じていますが、もし mtcars データフレームに x 列が存在すると、引数 x に指定した値によらず、x 列を使って箱ひげ図をプロットしてしまいます。

引数に x = wt と指定したら aes(wt) として動作するように記述するには、aes(x) を aes({{ x }}) に書き換えてください。この二重波括弧は、引数 x に指定した表現をあたかも aes 関数に直接指定したかのように扱えという命令に相当します。dplyr パッケージの select 関数や mutate 関数など、tidyverse 流のデータ操作を採用する関数でのみ使用できます[注17]。これでエラーなく、意図した通りの作図ができます（図3.18）。

```
# mtcarsの任意の列を選んで箱ひげ図にする関数（成功例1）

## aes関数と同様に引用符を使わず列を選択
boxplot_mtcars_ok1 <- function(x) {
  ggplot(mtcars) +
    aes({{ x }}) + # aes(x) を aes({{ x }}) に修正
    geom_boxplot()
}

## 箱ひげ図の表示
boxplot_mtcars_ok1(wt)
```

図 3.18 mtcars データフレームの wt 列の箱ひげ図

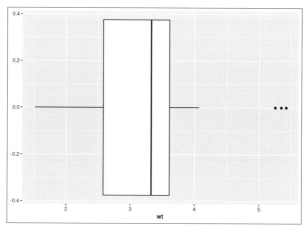

注17 tidyverse 流のデータ操作を行わない関数では二重波括弧の存在が無視されます。

　あるいは、boxplot_mtcars("wt")といった具合に、列を文字列で選択するには aes(.data[[x]]) という書き方をします。.data は tidyverse 側で用意している特別な変数で、操作中のデータフレームの別名として機能します。例えば mtcars データフレームを対象とした動作をしている場合、mtcars[["wt"]] と .data[["wt"]] は等しく mtcars データフレームから wt 列を選択することを意味します。二重波括弧と同様に tidyverse 流のデータ操作を採用する関数でのみ使用できます。

```
# mtcarsの任意の列を選んで箱ひげ図にする関数 (成功例2)

## 文字列で列を選択
boxplot_mtcars_ok2 <- function(x) {
  ggplot(mtcars) +
    aes(.data[[x]]) + # aes(x) を aes(.data[[x]]) に修正
    geom_boxplot()
}

## 箱ひげ図の表示
## 結果はboxplot_mtcars_ok1(wt)と同じなので省略
boxplot_mtcars_ok2("wt")
```

　文字列で列を選択できると、グラフを大量に生成するような場面で for 文を使った効率化が可能になります。なお、boxplot_mtcars_ok1(.data[["wt"]]) としても同様に動作します。実行時の記述が長くなる一方で、燃費（mpg 列）と車重（wt 列）の比を計算してプロットするといった複雑な操作が可能になります（boxplot_mtcars_ok1(mpg / wt) または boxplot_mtcars_ok1(.data[["mpg"]] / .data[["wt"]])）。用途に応じて簡潔さか汎用性かを選ぶといいでしょう。

```
# mtcarsの複数の列に対し箱ひげ図をプロット (結果省略)
for (x in c("wt", "mpg")) {
  print(
    boxplot_mtcars_ok2(x)
    # または boxplot_mtcars_ok1(.data[[x]])
  )
}
```

色で強調する（gghighlightパッケージ）

　ラベル以外にも、色や大きさ、形もデータの強調に利用できます。本書では手軽さを重視してgghighlightパッケージを用いた方法を紹介します。ggplot2パッケージ単体でも可能ですが、基本的に次のような段階的な操作を必要とし、この場合はコードが複雑になりがちです。

- 強調したくないデータを地味な色で描写する
- 強調したいデータを派手な色で描写する

　特に、データのどの部分を強調するか、条件を変えながら洞察を深めるような作業に向きません。

　gghighlightパッケージの使い方は非常にシンプルです。普段通りに**ggplot**関数からグラフを作り始め、最終レイヤで**gghighlight::gghighlight**関数を実行します[18]。引数には、強調したいデータが満たすべき条件を**dplyr::filter**関数の要領で指定します。

　例として、**ChickWeight**データセットを用いて、雛鳥の個体（**Chick**列）の体重（**weight**列）が生まれてからの日数（**Time**列）と与えた餌の種類（**Diet**列）によってどう変化するか見てみましょう（図3.19）。個体ごとの折れ線グラフを餌の種類で色分けすると、餌は1よりも3か4を与えた方が発育が良さそうです。一方で、餌2を与えた個体は発育が良いものから悪いものまでさまざまです。そこで、**gghighlight::gghighlight**関数の引数に**Diet == 2**を指定して、餌2を与えた個体の色を強調してみましょう。すると、著しく成長の遅い24番の個体と著しく成長の早い21番の個体を除けば、餌2を与えた個体は似た体重変化のトレンドを示していることがわかります。餌2を与えた個体の発育は餌1を与えたものよりは良く、餌3、4を与えたものと同等かやや悪い程度でしょう。

```
g <- ggplot(ChickWeight) +
  aes(Time, weight, color = Diet, group = Chick) +
  geom_line() +
  geom_point()
```

注18　最終レイヤ以外でも使うことができますが、多くの場合、意図せぬ出力になります。

```
# (a) gghighlightパッケージ未使用時
g
# (b) gghighlightパッケージにより餌2を強調
g + gghighlight::gghighlight(Diet == 2)
```

図 3.19　雛鳥の体重（weight）の時間（Time）と餌（Diet）による変化。(a) は餌の種類ごとに色
　　　　分けした例。(b) は gghighlight 関数を用いて、`Diet == 2` のデータを強調表示した例

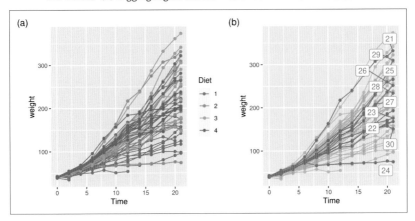

　このようにレイヤを1つ足すだけで簡単にデータを強調できるので、探索的デー
タ分析において特に威力を発揮します。ところで **gghighlight** 関数は絞り込んだ
データに対し、（可能であれば）ラベルを付けてくれます。ラベルが不要な場合
には、**use_direct_label** 引数に FALSE を指定しましょう。また、先の例では強
調の有無で **Diet == 2** のデータの色が変わります。混乱を避けて一貫した書式（色
など）を用いるには keep_scales 引数に TRUE を指定します。さらに、**unhighlighted_
params** 引数を利用すると、強調対象外のデータの書式も変更できます（図3.20）。

```
# gghighlightパッケージによる出力の見た目を変える
g +
  gghighlight::gghighlight(
    Diet == 2,
    unhighlighted_params = list(color = "white"),
    use_direct_label = FALSE,
    keep_scales = TRUE
  )
```

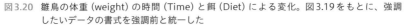

図3.20　雛鳥の体重（weight）の時間（Time）と餌（Diet）による変化。図3.19をもとに、強調したいデータの書式を強調前と統一した

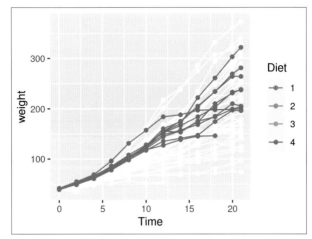

「ラベルで強調（ggrepelパッケージ）」項の例を再び取り上げ、**mtcars**データセットから車重と燃費を比較し、燃費が優れた5車種を強調表示してみます（図3.21）。**gghighlight**関数に絞り込み条件だけを与えると、上位5車種が黒色の点で、他が灰色の点で表示されます（図3.21a）。一方で、**ChickWeight**データセットの例と異なり、グラフにラベルは付きません。ラベルを付けたい場合は **label_key** 引数に列名を指定します。

```
# 車の重量と燃費の比較
# gghighlight関数を用いて燃費の良い車種を強調

# 前処理：行名をmodel列に変換する
motor_cars <- tibble::rownames_to_column(mtcars, "model")

# ベースとなる散布図の作成
g <- ggplot(motor_cars) +
  aes(wt, mpg) +
  geom_point()

# （a）燃費が上位の車種を強調
g +
  gghighlight::gghighlight(
    rank(-mpg, ties.method = "min") <= 5
  )
```

```
# (b) 燃費が上位の車種にラベルを付け、他を濃い灰色にする
g +
  gghighlight::gghighlight(
    rank(-mpg, ties.method = "min") <= 5,
    label_key = model,  # 強調対象にラベルを付ける
    unhighlighted_params = list(
      color = "gray50") # 強調対象外を濃い灰色にする
  )
```

図3.21　車の重量（wt）と燃費（mpg）の比較。gghighlight関数を用いて燃費が上位5車種の点を強調表示した。(a) は書式をgghighlight関数にまかせ、(b) は書式を手動で設定してラベルを付けた

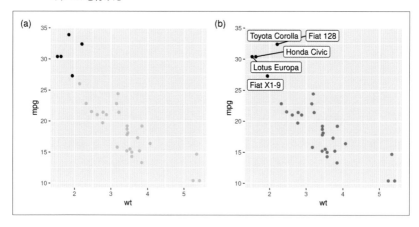

　もちろん、gghighlightパッケージを使わずに系列を強調して表示することもできます。例として図3.21aと同等のグラフをgghighlightパッケージを使わず作成するコードを掲載します。「ラベルで強調（ggrepelパッケージ）」の項で紹介したgeom関数群のdata引数をうまく利用し、レイヤを分けるところがポイントです。

```
# gghighlightを用いないデータの強調 (コードのみ)
ggplot(motor_cars) +
  aes(wt, mpg) +
  geom_point(color = "gray80") +
  geom_point(
    color = "black",
    data = function(x) dplyr::slice_max(x, mpg, n = 5)
  )
```

　レイヤを分ける操作は、レイヤの順序や、データの絞り込み、凡例の表示など、考慮すべき点が多く煩雑です。したがって探索的データ分析にはgghighlightパッケージが便利でしょう。一方でgghighlightで書式をコントロールしきれない場合にレイヤ分けを検討してみてください。

3-10
グラフ配置によるデータの俯瞰

　データ理解の第一歩は、目的に合わせてさまざまなグラフを描いてみるところからと言っても過言ではありません。一方でグラフの数だけコードを書くのは一苦労です。ggplot2パッケージやその拡張パッケージを使うと、効率的にたくさんのグラフを並べることができます。本節ではdiamondsデータセットを題材に、さまざまなグラフを比較して、ダイヤモンドの価格に影響する要素を調べてみましょう。

■ 変数間の関係を把握するために散布図を並べる（facet_wrap関数）

　facet_wrap関数を使うと、注目したい変数の水準ごとにグラフを分割できます。例えば、diamondsデータセットのカラット数（carat）と価格（price）を比較した散布図を、色合い（color）ごとにプロットしてみましょう（図3.22）。

```
# ダイヤモンドの色合いごとに、カラット数と価格を比較
ggplot(diamonds) +
  aes(carat, price) +
  geom_point() +
  facet_wrap(
    vars(color), # 分割する基準となる変数を指定
    nrow = 1,    # 分割する行数を指定（省略可）
    ncol = 7     # 分割する列数を指定（省略可）
  )
```

図3.22　ダイヤモンドの色合い（color）別に見た、価格（price）とカラット数（カラット）の関係

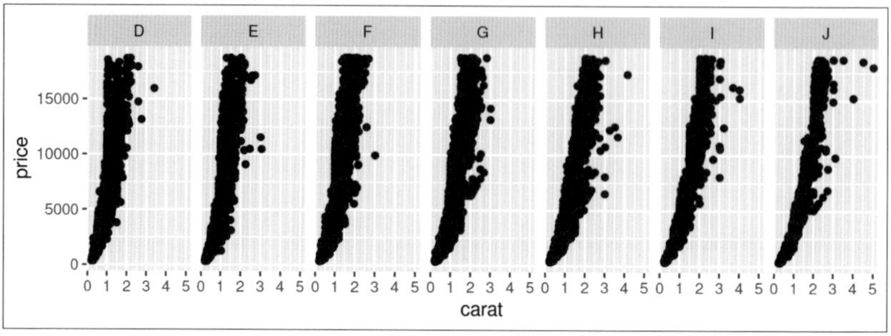

　ダイヤモンドが無色に近いほど、小さいダイヤモンドでも高価な傾向が見てとれます。また、グラフを分ける白黒印刷でも比較がしやすい、点同士の重なりが減るといったメリットも享受できます。もちろん、目的に応じて1枚のグラフに散布図をまとめて、ダイヤモンドの色合いごとに点の色を変更してもいいでしょう。

　この`facet_wrap`関数とデータ変形をうまく組み合わせると、y軸に使う変数を固定して、x軸に使う変数を変えたグラフを並べられます。もちろん逆も可能です。

　データ変形では、`tidyr::pivot_longer`関数を使って、x軸に使いたい複数の列をまとめます。例えば、`diamonds`データセットの価格（`price`）を他の列の値（`carat`、`depth`、`table`、`x`、`y`、`z`）と比較したい場合、`tidyr::pivot_longer`関数に以下のように引数を指定します。

- `data`引数に変形したいデータを指定（`diamonds`）
- `cols`引数に`price`列を除く数値型の列を使いたい列として指定（`where(is.numeric) & !price)`）
- `names_to`引数に`cols`引数に指定した列の名前をまとめる列の名前を指定（`"x_title"`）
- `values_to`引数に`cols`引数に指定した列の値をまとめる列の名前を指定（`"x_value"`）

```
# データの変形

# price列以外のnumeric型の列の値をx_value列にまとめ、
# x_value列のどの値がどの列由来かx_title列に記録する
diamonds_price_vs_others <- diamonds %>%
```

```
  tidyr::pivot_longer(
    where(is.numeric) & !price,
    names_to = "x_title",
    values_to = "x_value"
  )

# 結果の確認
str(diamonds_price_vs_others)
```

```
tibble [323,640 × 6] (S3: tbl_df/tbl/data.frame)
 $ cut    : Ord.factor w/ 5 levels "Fair"<"Good"<..: 5 5 5 5 5 5 4 4 4..
 $ color  : Ord.factor w/ 7 levels "D"<"E"<"F"<"G"<..: 2 2 2 2 2 2 2 2..
 $ clarity: Ord.factor w/ 8 levels "I1"<"SI2"<"SI1"<..: 2 2 2 2 2 2 3 ..
 $ price  : int [1:323640] 326 326 326 326 326 326 326 326 326 326 ...
 $ x_title: chr [1:323640] "carat" "depth" "table" "x" ...
 $ x_value: num [1:323640] 0.23 61.5 55 3.95 3.98 2.43 0.21 59.8 61 3...
```

　グラフ作成に際してはx軸に**x_value**列をマッピングし、**facet_wrap**関数の第一引数に**vars(x_title)**を指定します。**facet_wrap**関数の基本動作では、分割したすべてのグラフにおいて、x軸とy軸の範囲を共通の値に固定します。今回は、分割したグラフごとにx軸の範囲が大きく異なるので、x軸の範囲をグラフごとに自動調整するよう**scale**引数に**"free_x"**を指定しました[注19]。

```
# ダイヤモンドの価格と価格以外の数値の関係を
# 複数の散布図にプロットして並べる
ggplot(diamonds_price_vs_others) +
  aes(x_value, price, color = color) +
  geom_point() +
  facet_wrap(
    vars(x_title),
    scales = "free_x" # x軸の範囲を固定しない
  )
```

注19　**scale**引数の既定値はすべてのグラフの軸範囲を共通の値に固定した**"fixed"**です。他にx軸の範囲を固定しない**"free_x"**、y軸の範囲を固定しない**"free_y"**、両方を固定しない**"free"**を選択できます。**"fixed"**以外の値を指定した場合は、対応する軸の値がすべてのプロットに表示されます。**"fixed"**のまま、すべてのグラフに表示するには、**facet_wrap**関数の代わりにlemonパッケージの**facet_rep_wrap**関数を使いましょう（https://blog.atusy.net/2019/08/18/lemon-facet-rep/）。追加で引数に**repeat.tick.labels = TRUE**を指定するだけで、すべての軸に値が追加されます。

図3.23　ダイヤモンドの価格（price）と価格以外の数値の関係

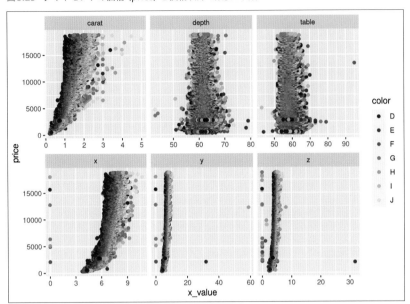

図3.23から、以下の各列とprice列の関係が読み取れます。

- carat列は重量
- x列は縦幅
- y列は横幅
- z列は高さ
- depth列は相対的な高さ（200 * z/(x + y)）
- table列はyとテーブル面の長径の比

　ダイヤモンドをどんな形に加工したかを示すdepth列とtable列は、price列と相関がなさそうです。一方でダイヤモンドのサイズに直結するcarat列、x列、y列、z列は、price列との相関が見てとれます。ただし、x、y、zについては、0や異常に大きい値が入ることがあります。欠損値や誤り、デザイン上の選択かもしれません。価格と関連付けるのに便利な指標はcarat列と言えそうです。

　同様の発想でヒストグラムや箱ひげ図など、さまざまなグラフを並べることができます。

関連するグラフを1枚にまとめる（patchworkパッケージ）

　`facet_wrap`関数はグラフを分割するので、同じデータを用いた同種のグラフが並びます。しかし、異なるグラフを1枚にまとめてこそデータ理解が進む場合もあります。そこでpatchworkパッケージが活躍します。このパッケージの特徴はグラフの並べ方を演算子で表現できることです。|演算子を使うと横方向に、/演算子を使うと縦方向に並びます。また並べたグラフを括弧でまとめて、さらに他のグラフと並べることもできます（図3.24）。

```
# 3つのグラフをpatchworkパッケージを使って並べた例
library(patchwork)
g <- ggplot(diamonds) + aes(price) + geom_density()
g | (g / g)
```

図3.24　patchworkパッケージを使ってグラフを並べた例

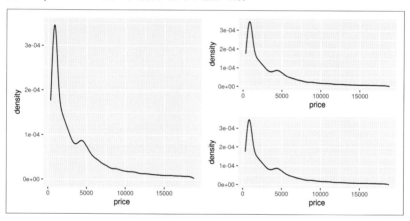

　patchworkパッケージを活用したデータ分析の例として、以下の2種類のグラフを並べてみましょう（図3.25）。

- ダイヤモンドの価格（`price`列）とカラット数（`carat`列）を比較した散布図
- 価格のヒストグラム（周辺分布）

```
# 散布図にy軸の周辺分布を追加する
library(patchwork)
```

```
# 並べたいグラフに共通のレイヤ
gg_base <- ggplot(diamonds) +
  coord_cartesian(ylim = range(diamonds$price))

# 散布図の作成
gg_scatter_carat_vs_price <- gg_base +
  aes(carat, price, color = color) +
  geom_point(show.legend = FALSE)

# 周辺分布 (ヒストグラム) の作成
gg_hist_price <- gg_base +
  aes(y = price, fill = color) +
  geom_histogram(bins = 30)

gg_scatter_carat_vs_price | gg_hist_price
```

図3.25　ダイヤモンドの価格 (price) とカラット数 (carat) の比較。価格の周辺分布を添えて、低価格帯のダイヤモンドが多いことを強調した

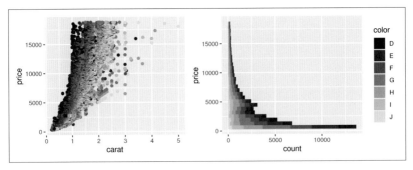

　散布図だけを見ると、分散の小さい原点付近は点の数が少なく見えてしまいます。ところがヒストグラムを見ると低価格帯のダイヤモンドがデータセットの大半を占めています。一方でヒストグラムだけでは価格とカラット数を比較できません。関連性のあるグラフを並べると、データの見落としが減り、理解が進みそうです。

　グラフを並べるとき、それぞれのサイズを調整するには、演算子の代わりに `patchwork::wrap_plots`関数を用いてグラフを並べます (図3.26)。また、人に説明するために、以下のような註釈を必要とすることがあります。

- 全体のタイトルを付ける

- (a)、(b)、(c) といったタグを付ける

このような要求に応えるには**patchwork::plot_annotation**関数を使います。

```
# グラフのサイズ比を指定する
patchwork::wrap_plots(
  list(              # 並べたいグラフのリスト
    gg_scatter_carat_vs_price,
    gg_hist_price
  ),
  ncol = 2,          # 2列に並べる。余りは改行
  widths = c(3, 1)   # 1列めと2列めの幅の比を3:1にする
) +
  patchwork::plot_annotation(
    title="ダイヤモンドの価格とカラット数の関係",
    tag_levels = "a",                    # a, b,...とタグ付け
    tag_prefix = "(", tag_suffix = ")"   # タグを括弧で囲う
  )
```

図3.26　ダイヤモンドの価格（price）とカラット数（carat）の比較。散布図と周辺分布の横幅を3:1に調整した

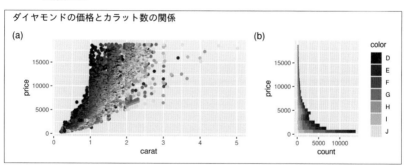

相関を見るために散布図に色を付ける（patchworkパッケージ）

patchworkパッケージは、異なる種類のグラフを並べるときに限らず、同種のグラフを並べるときにも活躍します。例えば散布図をさまざまな変数で色付けすると、変数ごとの交互作用の有無や強弱が見えてきます。

「変数間の関係を把握するために散布図を並べる」項では**diamonds**データセットに含まれる数値型データは、価格（**price**列）を除いてダイヤモンドの大きさ

に関する変数であり、ダイヤモンドの大きさの指標としてはカラット数（carat列）が最も価格に比例することを確認しました。また、同じカラット数であっても、色合い（color列）が無色（D）に近いほど高価な傾向を確認しました。

　diamondsデータセットには、factor型の列として、他にカットのクオリティ（cut列）と透明度（clarity列）が記載されています。各列を用いて散布図を色付けしてみて、どの列が価格に強く影響しているか見てみましょう。まず、文字列で指定した列名を色でマッピングして散布図を描写するscatter_diamonds関数を定義します。次に、scatter_diamonds関数にさまざまな列名を指定した結果をリストにまとめ、patchwork::wrap_plots関数に与えます。

```
# 表示色にマッピングする列を変更しながら
# diamondsデータセットのカラット数と価格を比較

# 散布図を描写する関数
scatter_diamonds <- function(color = "cut") {
  ggplot(diamonds) +
    aes(
      carat, price,
      color = .data[[color]] # 後述
    ) +
    geom_point()
}

# diamondsデータセットの中からfactor型の列名を抽出し、
# それぞれを散布図の色に割り当てたグラフを作成し、
# patchworkパッケージで1枚にまとめる
diamonds %>%
  select(where(is.factor)) %>%      # factor型の列を選択
  names()                           # 選択中の列名を抽出
  purrr::map(scatter_diamonds) %>%  # さまざまな列を表示色にマッピング
                                    # 出力はグラフのリスト
  patchwork::wrap_plots(ncol = 1)   # リストを1枚のグラフにまとめる
```

図3.27　ダイヤモンドの価格（price）とカラット数（carat）の関係を、さまざまな変数に基づいて色分けした散布図で比較した例

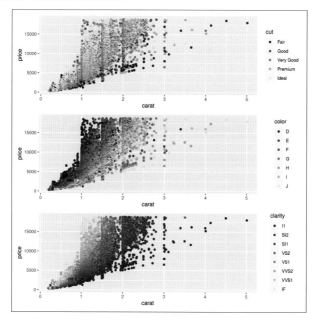

　scatter_diamonds関数内で**aes(color = color)**とすると、データフレームの**color**列を**color**審美的属性にマッピングしてしまう点に注意してください。これを防ぐためにこのコードでは、**aes(color=.data[[color]])**という独特な記述を行っています[20]。**aes**関数内において**.data**変数は、**ggplot**関数に指定したデータフレームの代名詞として特別な役割を担います。さらに**[[**演算子を用いることで、**scatter_diamonds**関数の**color**引数に指定した列名を**diamonds**データセットから抽出し、**color**審美的属性にマッピングしています[21]。

　さて、出力された図3.27を観察してみましょう。同程度の大きさのダイヤモンドにおいて、価格と変数には以下のような傾向が見てとれます。

- カット（**cut**列）の質は比例しない
- 色合い（**color**列）は相関し、無色になるほど高価
- 透明度（**clarity**列）は相関し、透明度が高いほど高価

注20　詳しくはコラム「自作関数でtidyverseを使う」を参照してください。
注21　関数内でggplot2パッケージを利用する際のノウハウに関しては、公式ドキュメントの「Using ggplot2 in packages」を参照してください。https://ggplot2.tidyverse.org/articles/ggplot2-in-packages.html

　天与の性質となる色合いや透明度が、人の手に委ねられるカットの質よりも重視されるということでしょうか。また、低価格帯にはいろいろな色合いのダイヤモンドがありますが、透明度は低いものに限定されています。無色であってもくすんでいては意味がないということでしょうか。カラット数と価格の関係への影響力は、透明度＞色合い＞カットの順と見当がつきました。

Column

facet_wrap 関数で分割したグラフの書式を整理

　theme_classic 関数などのシンプルなテーマを使うときや、グラフの数が多いときには、読みやすくするために軸の目盛をすべてのグラフに表示したくなります。このためには、以下のような手順を踏みます。

A. facet_wrap 関数に代わって lemon パッケージの facet_rep_wrap 関数を使う
　　1. repeat.tick.labels 引数に TRUE を指定する

　また、分割したグラフの上に表示されるラベル（ggplot2 パッケージでは strip と呼ぶ）を、軸のタイトルとして表示した方がよい場合があります（例えば図3.23）。このような場合、以下のような手順を踏むと書式が整います（図3.28）。

B. facet_wrap 関数または lemon::facet_rep_wrap 関数で strip の位置をグラフの下側に変更する

C. theme 関数で
　　1. strip の位置を軸の外側に変更する
　　2. strip の背景を消去する
　　3. strip の文字サイズを軸のタイトルに合わせる
　　4. 元々表示されていた x 軸のタイトルを消去する

　以下の例では各手順に対応する行に番号を括弧書きしました。

```
# stripをx軸タイトルに変更する
ggplot(diamonds_price_vs_others) +
  aes(x_value, price, color = color) +
  geom_point() +
  lemon::facet_rep_wrap(                          # (A)
    vars(x_title),
```

```
  scales = "free_x",
  repeat.tick.labels = TRUE,              # (A.1)
  strip.position = "bottom"               # (B)
) +
theme_classic() +
theme(                                    # (C)
  strip.placement = "outside",            # (C.1)
  strip.background = element_blank(),      # (C.2)
  strip.text = element_text(size = rel(1.1)), # (C.3)
  axis.title.x = element_blank()          # (C.4)
)
```

図 3.28 `facet_wrap` 関数で分割した散布図の strip を x 軸タイトルに変更した。変更前の
様子は図 3.23 を参照

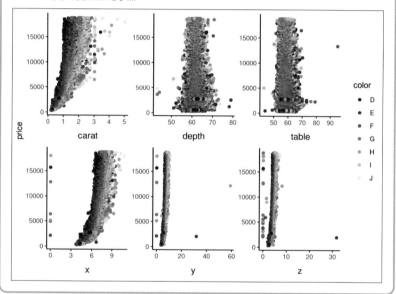

3-11

最低限のコードによるグラフの対話的操作

グラフからデータを読み取る際には、以下のような要望がよくあがります。

- 一部を拡大したい
- 点の座標を知りたい
- 凡例の一部のみを表示したい

　これまでに描写したグラフでもこれらを想定するべきです。ところが、せっかく調整しても、最終的には不採用になることもあります。もし、グラフを対話的に操作して、最終的に欲しいグラフの目星がつけば、コーディングを最小限にできます。グラフを人に説明する場面を考えても、あらゆる質問に備えてさまざまなグラフを用意しておくより、1つのグラフを操作して済ませた方が楽です。

　そんなわがままを叶えてくれるplotlyパッケージの**ggplotly**関数を紹介します。この関数はggplot2パッケージで作成したグラフを対話的に操作可能なグラフに変換してくれます。**diamonds**データセットのカラット数（**carat**）、価格（**price**）、色合い（**color**）を比較した散布図を対話的に操作してみましょう（図3.29）。

```
# 対話的に操作可能なグラフの作成
gg_diamonds <- ggplot(diamonds) +
  aes(x = carat, y = price, color = color) +
  geom_point()

plotly::ggplotly(gg_diamonds)
```

図3.29　ダイヤモンドの価格（price）とカラット数（carat）と色合い（color）の関係を対話的に
　　　　操作可能なグラフに出力した例

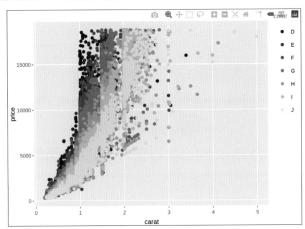

　1カラット、1.5カラット、2カラットで価格の分散が不連続に大きくなっています。よく見ると、1カラット以下でも似た傾向がありそうなので、拡大してみましょう。メニューから虫めがねボタン（Zoom）を選択した状態で、グラフをドラッグすると、選択領域を拡大できます（図3.30）。0.2～1カラットと0～5,000ドルの領域を拡大すると、この領域にもカラットに比例した価格の分散の不連続な変化を確認できます。不連続が確認できる場所にマウスカーソルを乗せると、0.3カラット、0.5カラット、0.7カラット、0.9カラットが境界だとわかります。

図3.30　小さいダイヤモンドの価格（price）とカラット数（carat）と色合い（color）の関係。図3.29の一部を拡大した

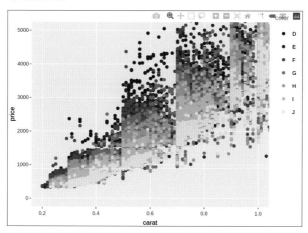

　ただし、色合いがJのダイヤモンドは分散の不連続な変化が比較的緩やかに見えます。1カラット以上でも同様の傾向を示すでしょうか？　つい、短絡的に「示す」という判断をしそうになりますが、対話的に操作可能なグラフならすぐに確認できます。まずメニューから🏠ボタン（Reset axes）を押して全体表示に戻します。

　このままではグラフ上でのJの表示色がHやIと似ていて、傾向を読み取れません。Jだけを表示してみましょう。凡例のD、E、F、G、H、Iをクリックしてください。クリックするごとにグラフに表示されるデータが減り、Jだけが残ります。すると、1カラット以上ではカラット数に応じて価格の分散が顕著に大きくなる様子が見られます（図3.31）。

図3.31　色合いがJのダイヤモンドのカラット数と価格の比較。図3.29の凡例のうち、D、E、F、G、H、Iをクリックして非表示状態にした

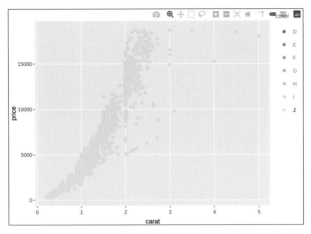

　対話的にグラフを操作することで、コーディングを最小限にしつつ、データの理解を深められました。注目した部分をplotlyパッケージを使わずに書き直せば、再現性を担保したうえで人に説明もできます。すでに完成のイメージを見たあとなので、コーディングも簡単です。

```
# マウス操作で見てきたグラフをggplot2パッケージで再現

## carat列が0.2から1、price列が0から5000の範囲を拡大
gg_diamonds +
  coord_cartesian(xlim = c(0.2, 1), ylim = c(0, 5000))

## color列がJの列を強調表示
gg_diamonds +
  gghighlight::gghighlight(color == "J")
```

　もちろん、plotlyを用いたコードをそのまま共有してもいいでしょう。あるいは、カメラボタン（Download plot as a png）を押して、キャプチャ画像を保存・共有する手もあります。**htmlwidgets::saveWidget**関数を用いれば、対話的なグラフをHTML形式で保存することも可能です。さらには、次章で紹介するR Markdownを利用すれば、対話的なグラフに説明文を添えたHTML文書やHTMLスライド（プレゼンテーション）の作成も可能です。対話的なグラフをうまく使ってデータの理解・説明を迅速化しましょう。

3-12
まとめ

　本章では可視化を通じてデータの理解・説明を効率化する方法を紹介しました。ggplot2パッケージは、それだけでも理解しやすいグラフの作成をさらに手軽にしてくれます。関数の命名規則が直感的で学習しやすい点や、豊富な拡張パッケージを使ってさまざまなニーズに応えられる点も魅力です。ちなみに筆者は数ある拡張パッケージの中でもplotlyパッケージが初手から何も考えずに使えて便利だと思います。

　ggplot2パッケージについてもう少し基本を中心に学びたい人は「改訂2版 Rユーザのための RStudio[実践]入門」を、実践的な例とともに可視化の方法と心構えを深く学びたい人は「データ分析のためのデータ可視化入門」を読んでみてください。他にも有益な書籍やWebページは豊富に存在するので、「ggplot2の使い方をさらに学ぶ」の項も参考にしてください。拡張パッケージについては、必要に応じて探してみて使い方もその場で学ぶくらいでちょうどよいかもしれません。とはいえ、豊富な拡張パッケージを概観できる ggplot2 extensions[注22] には目を通しておくことをおすすめします。なんとなく記憶に残っていれば、困ったときに「アレが使えるかも」とひらめく手掛かりになるかもしれません。

その他の便利なパッケージ

　本章では、ggplot2パッケージを使ったグラフ作成を支援するパッケージをいくつか紹介しました。

- colorblindr：色覚多様性に配慮したカラーパレットの提供
- gghighlight：データの一部を強調表示
- ggrepel：散布図の点に重ならないようにラベルを表示
- ggThemeAssist：テーマをマウス操作で調整し、必要なコードを出力
- lemon：ggplot2パッケージのかゆいところに手を差し延べてくれる孫の手的存在。本章では **facet_wrap** 関数を拡張し、並べたグラフすべてに軸を表示する

注22　https://exts.ggplot2.tidyverse.org/gallery/

　　　`facet_rep_wrap`関数を紹介
- patchwork：複数のグラフを1つにまとめる
- plotly：拡大縮小などの操作が可能なグラフに変換
- ragg：インストール済みのフォントをすべて利用可能にする
- systemfonts：インストール済みフォントの一覧取得

　他にも多数の便利なパッケージがコミュニティ主導で開発されています。いくつか例を挙げておきますが、自分好みのパッケージを探してみてください。ggplot2 extensions[注23]にアクセスすると、主な拡張パッケージを例とともに一覧できます。

- ggtext：Markdown記法やHTML記法を用いた文字の修飾・画像の挿入
- ggfx：文字に影などのエフェクトを追加[注24]
- ggthemes：**theme**関数群を中心に**scale**関数群や**geom**関数群を追加
- gganimate：アニメーションGIF化
- ggdist：データの分布・不確実性を可視化する**geom**関数群を追加

ggplot2の使い方をさらに学ぶ

　ここでは「3-2 統一的な記法によるグラフ描写（ggplot2パッケージ）」において解説しきれなかったggplot2の日本語の情報を中心に目的に応じて応じて広く紹介しています。紹介する順に高度な内容が記述されている傾向にあります。

書籍

英語版が無料でWeb公開されているものは脚注にURLを記載しています。

- ggplot2パッケージに限らず広く学びたい
  - 「改訂2版 Rユーザのための RStudio［実践］入門〜tidyverseによるモダンな分析フローの世界」松村優哉, 湯谷啓明, 紀ノ定保礼, 前田和寛 著, 技術評論社, 2021年.
  - 「Rではじめるデータサイエンス」Hadley Wickham, Garrett Grolemund 著, 大橋真也 監修, 黒川利明 翻訳, オライリージャパン, 2017年.[注25]

注23　https://exts.ggplot2.tidyverse.org/gallery/
注24　https://github.com/thomasp85/ggfx
注25　Web上の英語版「R for Data Science」は無料公開されています (https://r4ds.had.co.nz/)。

- 豊富な作例を見ながら学びたい
  - 「R グラフィックスクックブック 第2版 —ggplot2 によるグラフ作成のレシピ集」Winston Chang 著, 石井弓美子, 河内 崇, 瀬戸山雅人 翻訳, オライリージャパン, 2019年.[注26]
- 実用的なグラフの描き方とともに学びたい
  - 「実践 Data Science シリーズ データ分析のためのデータ可視化入門」キーラン・ヒーリー 著, 瓜生真也, 江口哲史, 三村喬生 翻訳, 講談社, 2021年.
- 使い方を徹底的に学びたい
  - 「ggplot2: Elegant Graphics for Data Analysis (2nd Edition)」Hadley Wickham, Springer, 2019.[注27]

3

Web ページ

- ggplot2 パッケージの使い方
  - チートシート https://github.com/rstudio/cheatsheets/raw/master/data-visualization-2.1.pdf
  - ggplot2 入門［基礎編］https://www.jaysong.net/ggplot_intro2/
  - ggplot2 まとめ: 初歩からほどよいレベルまで https://mrunadon.github.io/images/geom_kazutanR.html
  - ggplot2 に関する資料 https://kazutan.github.io/kazutanR/ggplot2_links.html
  - The R Graph Gallery https://www.r-graph-gallery.com/
    - ・グラフの作例とソースコードのギャラリー
  - from Data to Viz https://www.data-to-viz.com/
    - ・変数の種類に応じたグラフの選び方、作例、ソースコードのギャラリー
- Tips や拡張パッケージ
  - ggplot2 逆引き https://yutannihilation.github.io/ggplot2-gyakubiki/
  - ggplot2 extensions https://exts.ggplot2.tidyverse.org/gallery/
    - ・ggplot2 を拡張するパッケージのギャラリー
- リンク集
  - Awesome ggplot2 https://github.com/erikgahner/awesome-ggplot2
    - ・ggplot2 パッケージについて学ぶうえで知って特する Twitter アカウント、パッケージ、書籍などのリンク集

注26　Web 上の英語版「R Graphics Cookbook」は無料で公開されています。https://r-graphics.org/
注27　執筆中の第3版が Web 上で無料で公開されています。https://ggplot2-book.org/

Chapter

4

HTML・Word
文書への出力と
分析結果の共有

4-1
コードに実行結果と説明文をつけて文書化する（R Markdown）

　優れた分析結果も人に理解してもらうためには背景や考察の説明が必要です。WordやPowerPointで文書化する手もありますが、次のような苦痛をしばしばともないます。

- 分析結果の図表を逐一貼るのに手間がかかる
- 分析に利用したコードを忘れて再現できなくなった
- コーディング中の考察を忘れた
    - コード中のコメントで考察を残して対処できるが、コードに対する注釈と混ざって探しにくい
- コードを更新した結果を貼り忘れた

　そこでR Markdownの出番です。R MarkdownではRmdファイル内にコードと説明文を記述しておくと、コードの実行結果を挿入した文書を出力できます[注1]。分析から考察までの一連のタスクを単一ファイルにまとめることができ、分析手順の再現も簡単になります。加えてRStudioを使えば、Rmdファイルの記述も簡単にできてしまいます。出力形式はHTMLやPDF、Word、PowerPointなど、多種多様です。本章では中でもHTML文書、HTMLスライド、Word文書の作成方法を紹介します。

　HTML文書とHTMLスライドは拡大縮小が可能なグラフや地図、検索可能な表などの対話的操作が可能なウィジェットを利用できる強力な形式です。読者の「ここをもう少し詳しく知りたい」に素早く対応できます。静的な図表の場合、特定のデータを詳しく見るにはRmdファイルの編集と再出力が必要です。そして読者は数秒後、あるいは数日後のあなたかもしれません。うまくウィジェットを活用できると自分を褒めたくなることでしょう。また、HTMLに変換すると、結果をRStudioのViewerペインでプレビューできる点も大きな魅力です。途中

注1　このような文書作成手法は動的ドキュメント作成や文芸的プログラミングと呼ばれます。

の成果をプレビューしておくと、過去の図表を振り返りながら分析を進められ、効率アップが可能です。PDFやWordなどHTML以外の形式に出力する場合も、まずはHTMLに出力しておき、内容が固まってから所望の形式に出力し直すといいでしょう。

　Word文書は対話的な表現力に乏しい一方で、コメントの付与や編集履歴の保存がノンプログラマにも容易で、業務にもよく活用される形式です[注2]。本章では、この形式も含めて、機能をすべて紹介するよりは、入門者向けに紹介範囲を絞りつつも発展的なことを調べやすいようキーワードを提供していきます。

　ところでRmdファイルではその性質上、多数のパッケージを利用します。本章ではどの関数がどのパッケージ由来であるかわかりやすくするため、library関数によるパッケージの読み込みは最小限に控え、**パッケージ::関数**の記法を用います。

▌テンプレートファイルをHTML文書に出力してみる

「R言語に加えてR Markdownの書き方を覚えるだなんて敷居が高い」と思われる方もいるでしょう。しかし、コピペ不要で図表を含めたドキュメント出力が可能なR Markdownには、その心理障壁を乗り越えるだけの価値があります。

　まずはソースファイルの中身はテンプレートにまかせてしまって、ほとんどマウス操作だけでHTML文書に変換してみましょう。キーボード操作は唯一、ソースファイルに名前を付けて保存するときに使います。

マウス操作で直感的にテキストの見た目を変えるVisual editorを有効化する

　R Markdownはその名の通り、Markdown記法の拡張です。しかし、とりあえずはMarkdown記法を覚えずに使い始められます。Visual editorという機能を有効化すると、Wordのようにメニューをクリックするだけで箇条書きや太字といった書式を適用でき、結果を目視で確認できます。

　設定にはメニューから「Tools」→「Global Options...」→「R Markdown」→「Visual」とたどり、「Use visual editor by default for new documents」の項目にチェックを入れましょう（図4.1）。

注2　PowerPointも業務で頻繁に用いられる形式ですが、R Markdownではレイアウト上の制約が大きいため、紹介しません。

　ついでに「Show document outline by default」という項目にもチェックを入れておくことをおすすめします。Rmdファイルの見出し一覧をエディタの右脇に表示するので、文章全体の見通しが良くなります。また、ワンクリックで目的の見出しに移動でき、編集が効率的になります。

図4.1　Visual editorを利用するための設定画面。1つめの項目にチェックを入れる

Rmdファイルを新規作成する

　RStudioユーザの場合はメニューの「File」→「New File」→「R Markdown...」を選択してください。R Markdownを利用するうえで不足するパッケージがあれば、それらのインストールを促すダイアログが表示されるので「Yes」を選択します。さらにどのようなRmdファイルを作成するか尋ねるダイアログが表示されます（図4.2）。今回はそのまま「OK」を押しましょう。

図4.2　R Markdown新規作成時に表示されるダイアログ

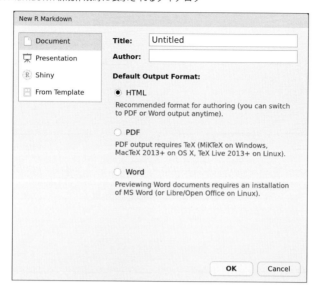

Rmdファイル中のコードをエディタ上で実行してみる

RStudioのメニューから新規作成したRmdファイルはWordなどで作る文書と比べると独特な箇所が2つあります（図4.3）。1つめはYAMLフロントマターと呼ばれるメタデータです。Rmdファイルの冒頭で---に囲んだ箇所にタイトル（title）や出力形式（output）などを記述します。2つめはチャンクと呼ばれる、実行可能なRコードを記述した部分です。1行めの波括弧内（{}）にオプション設定などを記述し、コード部分の右上に設定ボタンと再生ボタンが確認できます。

図**4.3**　RStudioのメニューから新規作成したRmdファイル。文章内容はあらかじめ入力されている。Visual editorモードなので、文章はWordのように整形できる

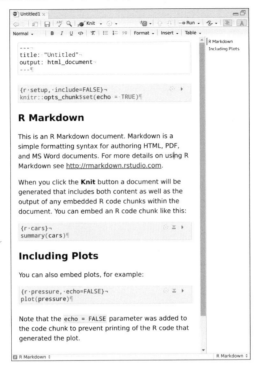

　YAMLフロントマターやチャンクの詳細に関しては後述しますので、ここではチャンクを実行してみましょう。2つめのチャンクの再生ボタンをクリックしてみてください。コンソール上で**summary(cars)**を実行したときと同じ結果をエディタ上で確認できます。キーボードショートカットを使ってもチャンク全体や特定の行を実行できます（表4.1）。エディタ上でコードを試せると、分析と解釈を同時進行でき、作業効率が劇的に向上します。

表**4.1**　R Markdown編集時に頻用するキーボードショートカット5選

キーボードショートカット	Windows & Linux	macOS
Rチャンクを挿入する	Ctrl + Alt + I	Command + Option + I
Rmdファイルを変換する	Ctrl + Shift + K	Command + Shift + K
現在のチャンクを実行する	Ctrl + Alt + C	Command + Option + C
現在の行を実行する	Ctrl + Enter	Command + Enter
アウトラインの表示/非表示	Ctrl + Shift + O	Command + Shift + O

HTMLファイルに変換してみる

　いよいよRmdファイルをHTMLファイルに変換してみましょう。Rmdファイルを**cars.Rmd**と名前を付けて保存してください。エディタ上部にある［Knit］（Knit）ボタンをクリックすると、HTMLファイルが出力され結果が表示されます（図4.4）。チャンクの実行結果が文字列やグラフとして挿入されていることを確認してみてください。なお、出力作業は、キーボードショートカット（表1）や、以下のコマンドからも実行できます。

```
# RmdファイルをHTMLファイルなどに変換する
rmarkdown::render("cars.Rmd")
```

図4.4　**cars.Rmd**をHTMLファイルに出力した結果

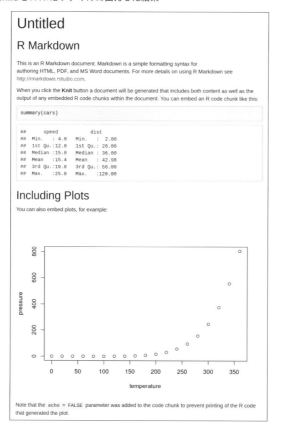

簡単に分析レポートを作成できました。

分析レポートを作成するときに定期的に出力し直すと、次のようなことが可能です。

- できた範囲の分析結果を出力したファイルで見ながら、次の分析をRmdで進める
- レイアウトを確認する

RStudioはデフォルトでHTML出力した結果を自動的にブラウザで開きますが、RStudioのViewerペインに表示させるよう変更できます（図4.5）。RStudioの画面上でRmdファイルとその出力を並べられるので非常に便利です。

図4.5 Rmdファイルを HTML 形式に出力した結果を自動で開き Viewer ペインで確認するには、Knit▾ ボタンの隣りにある歯車ボタンをクリックしてメニューを開き「Preview in Viewer Pane」にチェックを入れる

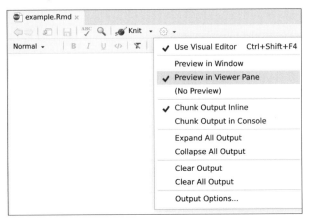

次節からはR Markdownの記法について紹介したあと、各形式に変換する際のTipsを紹介します。最後にrmarkdownパッケージを拡張したbookdownパッケージによる相互参照についても紹介します。

> **Column**
>
> ## Rmd ファイルの変換工程
>
> Rmd ファイルの変換工程は基本的に `rmarkdown::render` 関数が担います。RStudio の Knit▾ ボタンも裏側で `rmarkdown::render` 関数を呼んでいます。`rmarkdown::render` 関数内部では、まず `knitr::knit` 関数を用いて Rmd ファ

イルのチャンクを実行し、グラフや画像といった図や表などの出力を取り込んだ Markdown ファイル（拡張子 md）を作成します。次に Pandoc というソフトウェアを呼び出し、Markdown ファイルを目的とする形式に変換します。

4-2
本文を書く

Rmd ファイルの魅力はコードを実行するかたわら、同一ファイル内で分析の目的や方法の説明、結果の解釈などを本文として記述できることです。本節では Visual editor を用いた本文作成について解説します。Visual editor を使うと、Markdown 記法を使わずにマウス操作と目視確認で書式設定ができ、覚えることを最小限に減らせます（図4.6）。Markdown 記法に慣れ親しんでいる方や慣れ親しみたい方、Visual editor 上の書式と Markdown 記法の対応関係を知りたい方などは、Source editor モードに切り替えてみてください。Markdown 記法を使って記述した内容を確認できます。エディタの切り替えにはキーボードショートカットが便利です（Windows：Ctrl + Shift + F4、macOS：command + Shift + F4）。

図4.6 Visual editor と Source editor の比較。Visual editor では太字や箇条書きの書式設定がエディタ上で反映されている。Source editor に切り替えると、Markdown 記法である太字箇所を示す記号（「太字」を囲う **）や箇条書きを示す記号（行頭の -）を確認できる

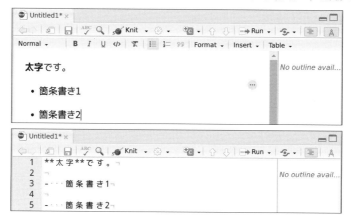

█ 段落と文字の修飾

　段落は文章の基本要素です。段落や見出しなどの要素の末尾で `Enter` を入力すると新しい段落が始まります。Visual editor上部の書式メニュー左端に「Normal」と表示されていれば、現在のキャレットは段落上に存在しています（図4.7）。`Shift` + `Enter` を入力すると段落内で改行できますが、HTMLなどに変換した際は半角スペース化する点に注意してください。段落内の改行を出力にも反映したり、半角スペースに変換せず文章を直結したりする方法は、YAMLフロントマターの記法とともに紹介します。また、直接入力した半角スペースは、行頭の場合は無視され、単語間の場合は連続していても1つに圧縮されます[注3]。行末では基本的に無視されますが、2回連続した場合は強制的に改行扱いになります。

　段落や後述の見出しでは太字や下線などの文字の修飾が可能です。操作方法はWordと同様で、修飾したい文字列を選択し、書式メニューの B や I といったボタンをクリックすると太字や斜体で文字を入力できます。Wordでは見かけないコードボタン（ </> ）は段落内にちょっとしたコードを記述するときに用います。コードには等幅フォントが適用され、単語間の半角スペースを連続して入力した場合も、そのまま出力に反映されます。

図4.7　R Markdown の Visual editor の書式メニュー

| Normal ▾ | B | I | U | </> | 🗑 | ☰ | 1☰ | 99 | 📎 | @ | 🖼 | Format ▾ | Insert ▾ | Table ▾ |

█ 見出し

　見出しは文章の構造化の要の1つです。目次の作成や、RStudioのエディタのアウトラインにも利用できるので、積極的に活用しましょう[注4]。作成には、新しい段落を作り、書式メニューの「Normal」をクリックし、「Heading 1」から「Heading 6」のいずれかを選ぶと、入力した文字が見出しになります。メニュー上の番号は、階層関係を意味しており、例えば「Heading 1」には章に相当する大見出しを、「Heading

---

[注3]　やむなく半角スペースを連続して出力したい場合、半角スペースの前にバックスラッシュを入力します。

[注4]　アウトラインを表示するにはキーボードショートカット（Windows: `Ctrl` + `Shift` + `O`、macOS: `Shift` + `Command` + `O`）を用います。表示状態を標準にするには、メニューから「Tools」→「Global Options」→「R Markdown」→「Show document outline by default」にチェックを入れます。

2」には節に相当する中見出しを記述します注5。

▍箇条書き

　箇条書きには順序なしリストと順序ありリストの2種類があります。2つめ以降のアイテムを直前のアイテムの子要素にするには、⌐Tab┐キーを入力してください。逆の操作には⌐Shift┐＋⌐Tab┐を入力します。順序なしリストと順序ありリストを入れ子にするには、子要素を作成してから他方の書式をメニューから選択してください。

▍その他の書式

　他にもリンクや文献の参照、画像の挿入などさまざまな機能が用意されています。特にメニューの「Format」や「Insert」の項目を展開すると、上付き文字や下付き文字、数式といった比較的出番の少ないながら便利な機能があるので確認してみてください。

▍キーボードショートカット

　R Markdownに慣れてきたら、マウスによる書式設定がわずらわしくなるかもしれません。そんなときのために、多くの書式にキーボードショートカットが用意されています。例えば選択箇所を太字（Bold）にするには、Windowsなら⌐Ctrl┐＋⌐B┐を入力し、macOSなら⌐Command┐＋⌐B┐を入力します。同じ操作を繰り返すと太字が解除されます。書式メニューを展開したり、マウスを重ねたりすると、キーボードショートカットが表示されるので、マウス操作しながらよく使う書式のものを覚えるとよいでしょう。

　見出しや箇条書きなどの要素についても、マウスを使わずにキーボード操作で挿入できます。新しい空白の段落を作りスラッシュ（/）を入力すると、さまざまな要素が候補に登場します。上下キー（⌐↑┐・⌐↓┐）を使って要素を選択し、⌐Enter┐キーで確定すると、段落が選択した要素に置換されます。また、スラッシュに続けてキーワードを入力すると、要素の絞り込み検索ができます（図4.8）。

注5　Heading 1やHeading 2などの各見出しレベルは、HTMLでいうところの**h1**や**h2**などの要素（タグ）に対応します。

図4.8 **/**に続けて文字列を入力すると、書式を検索・選択できる。 Enter を入力すると、一番上の項目が適用される（図の場合は「Inline Math」という段落内に数式を挿入する機能）

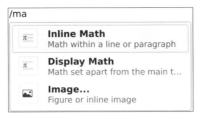

Markdown記法

Visual editorを使うと、Markdown記法を覚える必要はほとんどありません。ただし、チャンクを使ったキャプション付きの図表作成や、表組みのときの太字などの文字修飾にMarkdown記法が必要になります。そこで、比較的利用頻度の高そうなものを表4.2にまとめておきます。

表4.2 Markdown記法による主な文字の修飾方法。***^~$`**といった記号で修飾対象を囲う。組み合わせ次第では*****太字かつ斜体*****といった表現も可能。数式にはTeX記法を用いる

書式	記法例	出力例
太字	**太字**	**太字**
斜体	*斜体*	*斜体*
上付き	^上付き^	上付き
下付き	~下付き~	下付き
コード	`` `**Markdown記法もそのまま出力**` ``	****Markdown記法もそのまま出力****
数式	$\sum_{i=1}^{10}{i}$	$\displaystyle\sum_{i=1}^{10} i$

さらにMarkdown記法を手軽に勉強したい場合、Visual editorモードを解除すると、気になる箇所の記法を確認できます。これにはエディタ右上にある A ボタンをクリックしてください。クリックするたびにVisual editorとSource editorが切り替わります。詳細に学びたい場合は、R Markdownが採用するMarkdown方言のPandoc's Markdownの公式マニュアル[注6]やその邦訳版[注7]、同人誌「R Markdownユーザーのための Pandoc's Markdown」[注8]を参考にしてください。

注6　https://pandoc.org/MANUAL.html#pandocs-markdown
注7　https://pandoc-doc-ja.readthedocs.io/ja/latest/users-guide.html
注8　https://atusy.booth.pm/items/1453002

4-3

チャンクによるコードとその実行結果の挿入

　R Markdownは、分析から考察までの一連のタスクを単一ファイルにまとめ、再現可能性を高める点が魅力です。R Markdownにおいて、実行可能なコードを複数行にわたって記述する部分を**チャンク**と呼びます。チャンクにはRやPython、Bashなどさまざまな言語を利用でき、実行結果は文字列や図表として出力に挿入できます。さらに、出力ではコードを省略する、グラフの大きさを調整するといった細かな調整もできます。

　R言語のチャンクを作成するには、キーボードショートカットが便利です（Windows：[Ctrl]＋[Alt]＋[I]、macOS：[Option]＋[Command]＋[I]）。Rユーザーにとって最も基本的なチャンクですので、覚えておいて損はないでしょう。作成したチャンクには{r}から始まる行と、その下に空行が確認できます。{r}の部分は、チャンクの設定を行う部分です。「r」は言語名を示しています。空行には任意のコードを記述してください。改行もできます。

　R言語以外のチャンクを作成する場合は、新しく空白の段落を作成し、**/chunk**と入力してください。Rに加えてPythonやBashなどさまざまなチャンクを選択できるメニューが出現します。例えばPythonを選択すると、空白の段落が**{python}**という行から始まるチャンクに変更されます。一覧にはない言語でも、チャンクの言語部分（例：**r**）を他の言語（例：**css**）に書き換えると利用できます。利用可能な言語の一覧は**names(knitr::knit_engines$get())**から取得できます。R以外の言語を用いた例については R Markdown Definitive Guide の Other language engines の節を参照してください[注9]。

　チャンクをエディタ上で実行するには、チャンク右上にある再生ボタン（▶）を押すか、ショートカットキーを入力してください（Windows：[Ctrl]＋[Shift]＋[Enter]、macOS：[Command]＋[Shift]＋[Return]）。チャンク直下に実行結果がプレビューされます。HTML文書などへの出力を待たずに結果を確認できるので、コーディングや考察の記述が捗ります。

　チャンクはRmdファイル中に複数記述できます。さらにR言語のチャンクは

注9　https://bookdown.org/yihui/rmarkdown/language-engines.html

先に実行したチャンクで読み込んだパッケージや作成した変数を利用できます。例えば集計結果をもとにグラフを作成する場合、それぞれの作業でチャンクを分けておくと、データフレームの内容を確認しながら、新しいチャンクで可視化方法を検討できます。コンソール上で作業する場合と異なり、いくらグラフ作成用のコードを試したところで、集計結果のプレビューは流れず表示されたままなので、気軽にじっくり試行錯誤できます（図4.9）。

図4.9　mtcarsデータセットのデータ構造をstr関数でプレビューしつつ、他のチャンクで可視化や回帰分析を実施する様子

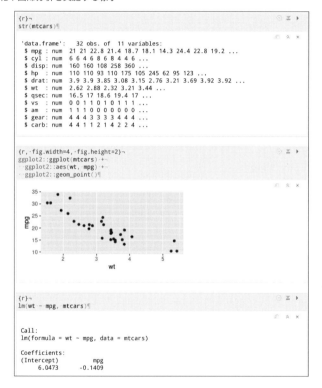

必要なパッケージやデータの確実な読み込み

RStudioでRmdファイルを編集すると、任意のチャンクを好きな順番で実行できます。処理を試行錯誤しながら筆を進められる便利な機能ですが、チャンクの実行順序によってはパッケージやデータの読み込みを忘れてエラーに遭遇します。

素朴な解決方法としては、必ず先頭から順にチャンクを実行する、気をつける、チャンクごとにパッケージやデータを読み込み直すなどが挙げられますが、手間です。そこで、**setup チャンク**と呼ばれる特別なチャンクを用意します。以下のようにチャンク冒頭の**{r}**を**{r setup}**と書き換え、他のチャンクを実行する前に済ませておきたい処理を記述してください[注10]。

```
{r setup}
# setupチャンクを用いてパッケージやデータを読み込む
library(tidyverse)
mydata <- readr::read_csv("mydata.csv")
```

setup チャンクが未実行の状態で他のチャンクをプレビューしようとすると、RStudio が自動的に setup チャンクを実行してくれます。また、setup チャンクは編集するたびに、未実行状態にリセットされます。積極的に利用すると、ライブラリやデータの読み込み忘れから解放され、快適になります。

巨大なデータを setup チャンクで読み込む場合、必要なパッケージを setup チャンクに追加するたびに setup チャンクが未実行状態に戻るので、再実行が繰り返されてわずらわしいかもしれません。その場合、setup チャンクでパッケージを読みこまずに**パッケージ名::関数名**の記法を使うとよいでしょう。折衷案として、tidyverse パッケージのようによく利用するものに限って setup チャンクで読み込む手もあります。

チャンクオプション

チャンクオプションを用いると、出力からコードを隠して結果のみを表示したり、グラフの大きさを変更したりと、チャンクの挙動を調整できます[注11]。オプションは関数の引数のように、カンマ区切りの**オプション名=値**形式で指定します。

```
{r, echo=FALSE, fig.width=3, fig.height=3}
# コードを隠し、グラフのサイズを3インチ四方に変更
plot(1, 1)
```

注10　**{r setup}**の**setup**の部分はチャンク固有の名前に相当し、**チャンクラベル**と呼ばれます。「固有」なので、setupチャンクはRmdファイル中に1つしか作成できません。チャンクラベルの代表的な用途としてはもう一つ相互参照があります。相互参照については後述します。

注11　チャンクオプションの一覧と詳細は公式ドキュメントを参照してください。https://yihui.org/knitr/options/

　引数に指定する値はR言語で記述できます。例えばグラフのサイズを変数に保存しておき、**fig.width**や**fig.height**に数値に代わって変数の指定もできます。

```
{r, include=FALSE}
fw <- fh <- 3
```

```
{r, results='hide', fig.width=fw, fig.height=fh}
# コードを隠し、グラフのサイズを3インチ四方に変更
plot(1, 1)
```

　特定の箇所からチャンクオプションを永続的に変更するには、**knitr::opts_chunk$set**関数を用います。すべてのチャンクに対して適用したい場合はRmdファイルの最初のチャンクに記述します。また、多くの場合、チャンクオプションの変更をレポート読者に知らせる必要がないので、**include=FALSE**のチャンクオプションとあわせて記述します。

```
{r, include=FALSE}
# メッセージと警告を永続的に非表示にする
knitr::opts_chunk$set(message = FALSE, warning = FALSE)
```

　ただし、この関数を利用したチャンクオプションの変更のほとんどは、HTMLファイルなどに変換するときにのみ有効で、RStudioのエディタ上でコードの実行結果をプレビューするときには無効となる点に注意してください。例外的に図のサイズに関するチャンクオプション（**fig.width**と**fig.height**）はプレビュー上でも利用でき、図のデフォルトサイズを変更できます。

　また、setupチャンクもRmdファイルの冒頭に記述することが多いチャンクですが、チャンクオプションの永続的な変更はsetupチャンクよりも前のチャンクに記述するといいでしょう。以下に主な理由を挙げます。

- setupチャンク内で**knitr::opts_chunk$set**関数を実行してもsetupチャンクのチャンクオプションは変更されない
- setupチャンク内のコードを出力のHTMLファイルなどに含める場合、**knitr::opts_chunk$set**関数のコードも含むと冗長になる
- ほとんどのチャンクオプションはRStudio上でコードの実行結果のプレビューに反映されないため、setupチャンクで自動実行するメリットがほとんどない

　プレビューする図のデフォルトサイズを変更したい場合は、setupチャンク内に記述するといいでしょう。例えば出力からメッセージを非表示にしつつ、図のデフォルトサイズを変更したい場合、前者を最初のチャンクに記述し、後者を次のチャンクにsetupチャンクとして記述します。

```r
{r, include=FALSE}
# メッセージの非表示
knitr::opts_chunk$set(message = FALSE)

{r setup}
# 図のデフォルトサイズ変更とデータの読み込み
knitr::opts_chunk$set(fig.width = 5, fig.height = 5)
foo_df <- readr::read_csv("foo.csv")
```

表組

　Visual editorは表組み機能も充実していますが、大規模なデータや集計結果の表組みには向きません。例えば大規模なデータであればCSVファイルやExcelファイルで管理し、チャンクで読み込んで表組みする方が楽です。集計結果にしてもチャンクで集計した結果を表に入力し直すよりは、チャンクで表組みする方が楽です。いずれの場合も手入力を減らすことで入力ミスも減ることでしょう。

手軽な表組み（knitr::kable関数）

　knitr::kable関数はデータフレームを第一引数に与えるだけで、HTML、WordをはじめPowerPointやPDFなどさまざまな形式の表出力に対応します。表のみを出力し、コードを非表示にするにはチャンクオプションで**echo=FALSE**を指定します（図4.10）。

```r
{r, echo=FALSE}
# 表の出力
knitr::kable(cars[1:2, ])
```

図4.10 `knitr::kable`関数でデータフレームをHTML形式の表に出力した例

speed	dist
4	2
4	10

　さらに引数を指定するとキャプションの追加や列の文字揃えなどの調整ができます（表4.3）。

表4.3　`knitr::kable`関数の代表的なオプション引数

引数	概要
escape	既定値の TRUE ではセルの文字列をそのまま出力する。FALSE にすると Markdown 記法や HTML を利用できる
caption	表のキャプションを文字列で記述する
align	文字の揃え方を左 ("l")、中央。("c")、右 ("r") から指定する。align = "r" などと、長さ1のベクトルを指定すると全体の揃え方を統一でき、align = c("l", "l", "r") などと長さ2以上のベクトルを指定すると列ごとの揃え方を調整できる
digits	数値を指定した桁で round 関数を使って丸める。round 関数の丸め方は四捨五入ではなく、IEC 60559に従う。したがって丸める桁に5があると偶数に丸める。例えば digits = 2の場合、0.05を0.0、0.15を0.2、0.25を0.2にする。また、丸めた結果として最小の桁が0になると、出力からは省略される場合がある点にも注意。加えて指定した桁数で表示するには、kable関数の引数に format.args = list(nsmall = 2)を追加する
format.args	kable 関数は各セルを format 関数により整形したうえで出力している。format 関数に追加で引数を指定したい場合に、引数のリストを指定する（例：list(nsmall = 2)）。指定できる引数は format 関数のヘルプを参照

　`knitr::kable`関数はセル内で気軽にMarkdown記法を利用できる点も特徴です。例えば鉱物の化学組成に関する表を組んでみましょう。「SiO2」などの化学式は数字部分を下付き文字で表現したいので、Markdown記法に従って数字を波線で囲い`SiO~2~`などと表記します。また、質量濃度の表示を小数点以下2桁で揃えるため、`knitr::kable`関数の`format.args`引数に`list(nsmall = 2L)`を指定しています。

```
# 鉱物の化学組成の表組み

# 元となるデータフレーム
minerals <- tibble::tribble(
  ~ 酸化物,    ~ 石英, ~ 紅柱石,
  "SiO~2~",        100,    37.08,
```

```
  "Al~2~0~3~",        0,    62.92,
  "Total",          100,    100
)


# データフレームを表に出力
knitr::kable(
  minerals,
  format.args = list(
    nsmall = 2L # 数字を小数点2桁まで表示する
  )
)
```

4

表4.4 鉱物の化学組成（質量濃度）

酸化物	石英	紅柱石
SiO$_2$	100.00	37.08
Al$_2$O$_3$	0.00	62.92
Total	100.00	100.00

　表4.4の作成にあたっては**tibble::trible**関数を使ってデータフレームを作成しました。コードの通り、この関数では列名を~ **石英**などとして波線に続けて引用符を使わない文字列で表現できる点と、列の値を列方向に記述できる点が特徴です。列数が少ないデータフレームであればCSVファイルのように記述できて読みやすくなります。列数が多い場合は、コードがエディタの表示領域からはみ出したり、折り返しの改行が発生して読みにくくなるので、別途CSVファイルなどに記述して**readr::read_csv**関数などを使って読み込むといいでしょう。

　また、分析上のコードの取り扱いやすさを優先して、大元のデータフレーム中ではMarkdown記法を使わない表現にしておきたい場合もあるでしょう。例えば**minerals**変数の場合、酸化物の列で**"Al~2~0~3~"**としていたところを、変数中で**Al203**としておけると可読性が上がります。この場合は、**knitr::kable**関数に与える直前に文字列を置換してMarkdown記法化する必要が生じ、正規表現が活躍します。正規表現を使うと同じ文字列を検索する場合でも行頭や行末などどこに出現するか指定したり、数字を検索するときに1や2といった特定の値ではなく任意の範囲を指定したりできます。詳しくはWeb上にもたくさんの紹介記事が存在するので検索してみてください。ここでは今回必要な表現のみを紹介します。例えば、**[0-9]**と記述すると0から9までの任意の数字1つとマッチします。

さらに括弧で囲んで**([0-9])**としておくと、文字列を置換する際に**\\1**などとしてマッチした部分を変数のように再利用できます (キャプチャグループと呼びます)。括弧を複数回使った場合は、何度めの括弧でマッチした文字列を抽出するかによって、**\\1**の数字部分を変更してください。以下に**Al2O3**を**Al~2~O~3~**に置換する例を紹介します。

```
# 「Al2O3」を「Al~2~O~3~」に置換する
stringr::str_replace_all(
  "Al2O3",    # 置換対象の文字列
  "([0-9])",  # 0から9までの数字1字を1番めのキャプチャとして記録
  "~\\1~"     # 1番めのキャプチャを波括弧で囲う置換を実施
)
[1] "Al~2~O~3~"
```

　正規表現を使って、表4.4を出力するコードを書き直してみましょう。**minerals**変数そのものからはMarkdown記法を除去しておき、**knitr::kable**関数を実行する直前にMarkdown記法に書き換えます。これにより、**minerals**データフレームの分析で酸化物を指定したいときも、**minerals[["酸化物"]] == "SiO2"**などと書くことができ、波線のない読みやすいコードになります。

```
# 鉱物の化学組成の表組み
# Markdown記法をminerals変数から分離する例

library(magrittr)

# 元となるデータフレーム
minerals <- tibble::tribble(
  ~ 酸化物, ~ 石英, ~ 紅柱石,
  "SiO2",    100,    37.08,
  "Al2O3",     0,    62.92,
  "Total",   100,   100
)

# データフレームを表に出力
minerals %>%
  # 数字をMarkdown記法を用いて下付き文字での表現に置換する
  dplyr::mutate(
    `酸化物` = stringr::str_replace_all(`酸化物`, "([0-9])", "~\\1~")
  ) %>%
  knitr::kable(
    format.args = list(
```

```
      nsmall = 2L # 数字を小数点2桁まで表示する
   )
 )
```

　表の枠線やフォントサイズなどの設定方法は出力形式に依存します[注12]。HTMLであればCSSを用い、Wordであれば書式設定済みのDocxファイル（reference docx）を用います。CSSに関しては本章のコラム「CSSを使ってHTML文書やHTMLスライドの書式を設定する」を参考にしてください。書式設定済みのDocxファイルの作成方法に関しては「4-7 Word文書の作成」の節で紹介します。

凝った表組み（flextableパッケージとftExtraパッケージ）

　データを管理する表と異なり、データを示す表では次のような修飾的な要素も重要になります。

- ヘッダの多段化
- セルの結合
- 罫線の太さや色など表全体の見た目の調整

　これらは**knitr::kable**関数が不得手とするところなので、flextableパッケージが便利です[注13]。見た目の調整に関しては**knitr::kable**関数を使う場合でも道はあります。ただし、HTML出力の場合はCSSの知識が必要です。また、Word出力の場合はテンプレートファイルの調整が必要ですが、すべての表に対して一律で同じ見た目を適用してしまいます。最小限の前提知識で柔軟な調整を行うなら、やはりflextableパッケージが良い選択肢になるでしょう。他にもgtパッケージ[注14]をはじめ、さまざまなパッケージが選択肢に挙げられますが、Word出力を念頭に置くならやはりflextableパッケージを選択することになるでしょう。他のパッケージではWordを出力するために表の画像化が必要です。文字としての体裁を保てるflextableパッケージは出力後の編集や検索も簡単です。

　flextableパッケージでもデータフレームのシンプルな表組みは

---

flextable::flextable関数だけでできます。一方で見た目の変更やキャプションの追加などを行うには、パイプ演算子を用いて複数の関数を組み合わせます。この点は機能が限定される代わりに単一の関数内ですべてをまかなう**knitr::kable**関数と対照的です。実際の例を以下に示します（図4.11）。

```r
# flextableによる表の作成
flextable::flextable(head(iris, 3)) %>%
  # テーマの設定
  ## 他にbooktabs（既定）、alafoli、zebraなど
  flextable::theme_box() %>%
  # キャプションの設定
  flextable::set_caption('アヤメのサイズ') %>%
  # 脚注の設定
  flextable::footnote(
    # 脚注を付けるセルの選択
    i = 1, j = 'Species',
    # 注釈文
    value = flextable::as_paragraph('ヒオウギアヤメ')
  ) %>%
  # フォントサイズを全体的に変更
  ## 脚注と同様にセル単位でも変更できる
  flextable::fontsize(size = 16, part = 'all') %>%
  # 幅の自動調整
  ## 手動で行うにはwidth関数を用いる
  flextable::autofit()
```

図4.11 flextableパッケージによる表組みの例

アヤメのサイズ				
Sepal.Length	**Sepal.Width**	**Petal.Length**	**Petal.Width**	**Species**
5.1	3.5	1.4	0.2	setosa[1]
4.9	3.0	1.4	0.2	setosa
4.7	3.2	1.3	0.2	setosa

[1]ヒオウギアヤメ

　flextableパッケージは強力な機能を提供する一方で、文字修飾や見出しの階層化には複雑な操作を要求します。この問題を回避するには、拡張機能を提供するftExtraパッケージが便利です[注15]。

　例えば**ftExtra::colformat_md**関数を用いると、**knitr::kable**関数と同様に

注15　https://ftextra.atusy.net

Markdown記法を用いた文字修飾が可能になります（図4.12）。

```r
# データフレームを表に出力する
minerals %>%
  # 数字をMarkdown記法を用いて下付き文字での表現に置換する
  dplyr::mutate(
    `酸化物` = stringr::str_replace_all(`酸化物`, "([1-9])", "~\\1~")
  ) %>%
  # 表に出力する
  ftExtra::as_flextable() %>%
  # 数値を小数点2桁で揃える
  flextable::colformat_num(digits = 2) %>%
  # Markdown記法を書式に反映する
  ftExtra::colformat_md()
```

図4.12 ftExtraパッケージを用いて表中のMarkdown記法をパースする例

酸化物	石英	紅柱石
SiO_2	100	37.08
Al_2O_3	0	62.92
Total	100	100.00

ヘッダの階層化には**ftExtra::separate_header**関数を用い、**sep**引数に正規表現で指定した文字列によってヘッダを分割します（図4.13）。同時に同じ内容のヘッダを結合するには、**ftExtra::separate_header**関数の代わりに**ftExtra::span_header**関数を利用してください。

```r
iris[1:3, ] %>%
  ftExtra::as_flextable() %>%
  ftExtra::separate_header(sep = '\\.')
```

図4.13 ftExtraパッケージを用いてヘッダを階層化した表

Sepal	Sepal	Petal	Petal	Species
Length	Width	Length	Width	
5.1	3.5	1.4	0.2	setosa
4.9	3.0	1.4	0.2	setosa
4.7	3.2	1.3	0.2	setosa

▌グラフの描写

　本章の冒頭でも試した通り、R Markdownでグラフを描く方法はコンソールとほとんど同じです。ただし、分析者との対話を念頭に置くコンソールと異なり、他者にも伝わる文書化を念頭に置くR Markdownでは次のような機能の強化が図られています。

- グラフを連続して表示でき、グラフ間の比較が容易
- グラフのサイズを簡単に調整でき、情報量と表示媒体（画面や紙面）のバランスがとりやすい
- キャプションを付けられ、データの説明にグラフと文字の両方を使える

　ここでは、これらのテクニックを紹介します。特にグラフの連続表示はRStudioのエディタ上のプレビューでも利用でき、グラフ間の比較が非常に効率的に実行できます。

複数のグラフの描写

　1つのチャンクで複数のグラフを描くには、単純に描写のためのコードを複数記述します。

```
{r}
# irisの数値型の列のヒストグラムを4つ描写
hist(iris$Sepal.Length)
hist(iris$Sepal.Width)
hist(iris$Petal.Length)
hist(iris$Petal.Width)
```

　for文を使って書き直すとコピペミスを回避できコード保守も容易にできます。特にplot関数やhist関数は、関数実行時に自動でグラフを描写するので、単純にforループを用いて複数のグラフを描写できます。

```
{r}
# for文でirisの数値型の列のヒストグラムを4つ描写
for(i in names(iris)[-5]) {
  hist(iris[[i]])
}
```

　一方でggplot2パッケージと**for**ループを用いて複数のグラフを描写するには、グラフを1つずつ**明示的に**printする必要があります[注16]。

```{r}
# for文とggplot2パッケージでirisの数値型の列のヒストグラムを4つ描写
library(ggplot2)

# 散布図を描写
# print関数を省略すると描写されない
for(nm in names(iris)[-5]) {
  print(
    ggplot(iris) +
      aes(nm) +
      geom_histogram()
  )
}
```

　グラフを横並びにするにはチャンクオプションに**fig.show='hold'**を指定します。さらに、**fig.width**チャンクオプションでグラフの幅を小さめにします。するとページ幅を越えない範囲でグラフが横に並びます。余ったグラフは適宜改行されます。細かなレイアウトを行うには3章で紹介したpatchworkパッケージが便利です。

サイズ変更

　グラフのサイズを変更するには、チャンクオプションの**fig.width**と**fig.height**にインチ単位の数値を指定します。指定した値はチャンクの実行結果のプレビューにも反映されます。

```{r, fig.width = 3, fig.height = 3}
plot(1)
```

　センチメートルのような慣れた単位を使いたい場合には、以下のように単位を変換する関数を定義しておき、**fig.width = cm2in(10)**などとするとよいでしょう。

```
cm2in <- function(x) x / 2.54
```

[注16] コンソール上で1から3を順に表示しようと for（i in 1:3) i を実行しても期待した結果が得られず、for（i in 1:3) print(i) としてあげる必要があるのと同じ理屈です。

キャプションの付与

　グラフにキャプションを付けるには**fig.cap**チャンクオプションに文字列を指定します（図4.14）[注17]。文字列はMarkdownによる修飾が可能ですが、バックスラッシュは二重にしてエスケープする必要がある点に注意してください。

```r
{r, fig.cap='指数関数$y = \\exp(x)$のグラフ'}
# 指数関数のグラフ
plot(exp)
```

図4.14 指数関数 $y = \exp(x)$ のグラフ

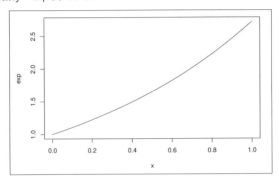

フォントの自由な使用

　3章で前述した通り、ggplot2パッケージなどを利用したグラフ描写時に、システムにインストールしたフォントを自由に使うためには、raggパッケージを用います（特にmacOS）。チャンクからグラフをraggパッケージを用いてPNG形式に出力するには、チャンクオプションに**dev='agg_png'**と指定してください。後続のチャンクのオプションを一括で変更するには、**knitr::opts_chunk$set**関数を使います。

```r
{r, include=FALSE}
# グラフ描写時にフォントを自由に使えるようにする
knitr::opts_chunk$set(dev = "agg_png")
```

注17 1つのチャンクから複数のキャプション付きのグラフを出力するには、**fig.cap**チャンクオプションに文字列のベクトルを指定します。

このチャンクのコードや実行結果は分析に直接は関係しないので、チャンクオプションに include=FALSE を指定して、出力のHTML文書やWord文書から省略してもよいでしょう。

また、文書全体でデフォルトとしたいグラフ用フォントがあれば、setupチャンクに指定しておきましょう。setupチャンクを使うと、RStudioのエディタ上でチャンクの実行結果をプレビューするときも、指定した通りのフォントを使えます。

```
{r setup, include=FALSE}
# ggplot2のテーマのフォントを変更
ggplot2::theme_set(ggplot2theme_gray(base_family = "IPAex Mincho"))

# geom_text関数とgeom_label関数のフォントを変更
ggplot2::update_geom_defaults("text", list(family = "IPAex Gothic"))
ggplot2::update_geom_defaults("label", list(family = "IPAex Gothic"))
```

ここでは knitr::opts_chunk$set 関数を setup チャンクに含めていません。説明の順序も理由の1つですが、「チャンクオプション」の項で説明した通り knitr::opts_chunk$set 関数を setup チャンク内で実行するメリットがほとんどないためです。

画像の挿入

画像の挿入には knitr::include_graphics 関数が便利です。ファイルパスをベクトルで与えると複数の画像を一括挿入できます。キャプションを付けるにはグラフと同様に fig.cap チャンクオプションを用います。

```
# 特定のディレクトリ内にあるすべてのPNGファイルを挿入する
knitr::include_graphics(
  dir("path/to/directory", pattern = "\\.png$")
)
```

サイズを変更するにはチャンクオプションの out.width と out.height に単位付きの文字列を指定します（例：out.width='1in'）。指定できる単位は出力形式に依存し、HTML形式なら px と％が、Word形式なら px、cm、mm、in、inch、％が使用できます。HTML形式で cm や mm などの単位を利用するには out.extra チャンクオプションにCSSを指定します（例：out.extra='style="width: 1cm;"'）。

縦と横の一方のみを指定した場合は、画像の縦横比を維持するようにもう一方の値が決定されます。

　ところで、Rmdファイルの作業ディレクトリはRmdファイルの保存先のディレクトリである点に注意してください。また、画像の挿入に限らず、外部ファイルの参照には相対パスを使うようにしましょう。

▌処理をキャッシュする

　変換時にチャンクの処理をキャッシュするにはチャンクオプションにcache=TRUEを指定します。キャッシュ済みのチャンクは次の変換に際して処理をスキップできるので、変換時間を短縮できます。チャンクのコードやオプション、ラベル[注18]、依存する変数に変更があると、キャッシュは初期化されコードが再実行されます[注19]。ただし、includeチャンクオプションだけは変更してもキャッシュを初期化しません。

　キャッシュは便利ですが必要最小限にしましょう。options関数などキャッシュできない関数が一部に存在することや、想定通りにキャッシュが初期化されない場合があり、思わぬ落とし穴にはまることがあります。また、最終版の出力時にはキャッシュを完全に初期化しましょう。RStudioの Knit ボタンのドロップダウンメニューから、「Clear Knitr Cache…」を押すとキャッシュを消去できます。

▌他のRmdファイルの挿入

　Rmdファイルが肥大化すると見通しが悪くなるので、ファイルの一部を切り出して子Rmdファイルとして取り込むと便利です。取り込むにはファイルパスをチャンクオプションのchildに指定します。

```
{r, child="ichiro.Rmd"}
# childを持つチャンクの例
# このチャンク内のコードは無視されます
```

注18　キャッシュしたいチャンクには必ずチャンクラベルを付けましょう。未指定の場合、連番が割り当てられます。このため、チャンクの増減にともなってチャンクラベルが変わり、キャッシュの初期化を招くかもしれません。処理の重さとキャッシュを失うダメージは比例します。

注19　外部ファイルを読み込むチャンクをキャッシュするには、外部ファイルの更新を検出するための工夫が必要です。例えばR Markdon Cookbookにはcache.extraチャンクオプションを利用した方法が紹介されています。https://bookdown.org/yihui/rmarkdown-cookbook/cache.html

childは単数形の英単語ですが、ベクトルを指定すると複数の子Rmdを一括して取り込めます。さらに、`child=dir("path/to/dir", pattern = "\\.Rmd$")`などと指定すると、特定ディレクトリ下のRmdファイルを一括挿入できます。

```
{r, child=c("ichiro.Rmd", "jiro.Rmd")}
# childに複数の子Rmdを指定した例
```

子Rmdは親Rmdで作成した変数や読み込んだライブラリを引き継ぎます。また、親Rmdと子Rmdとで**チャンクラベル**が重複しないようにしてください。

4

4-4
YAMLフロントマターに文書の情報を記述

文書の出力形式や表題などのメタデータは、ドキュメント冒頭の3連ハイフン（---）の間にYAML記法を用いて記述します[注20]。この部分をYAMLフロントマターと呼びます。

基本的な記法は連想配列と呼ばれる**キー: 値**の形式です[注21]。コロン（:）と値の間には半角スペースを入れてください。各キーは順不同で省略もできます[注22]。値の文字列を修飾するにはMarkdown記法を使います。

```
---
# YAMLフロントマターの例
title: 表題
author: 著者
date: 2021-02-23
output: html_document
---
```

注20　YAMLはYAML Ain't Markup Languageの再帰的頭字語です。発展的な記法を利用すると、表題を途中で改行することや、配列を利用して複数の著者などを記述することもできます。https://pandoc.org/MANUAL.html#metadata-blocks

注21　代表的な変数は以下のドキュメントに記載されています。特に出力に**pdf_document**関数を指定する場合は非常にたくさんのキーを指定できます。https://pandoc.org/MANUAL.html#variables

注22　**output**キーを省略した場合はHTML文書として**html_document**関数を指定したものと扱います。また、HTML文書では**title**キーの省略が非推奨なため警告を受けます。

出力形式の指定

　YAMLフロントマターの**output**キーには、ドキュメントの出力形式を関数の名前で指定します[注23]。例えばHTML文書を出力するには**html_document**を指定します。

```
output: html_document
```

　この**html_document**は**rmarkdown::html_document**関数を指しています。rmarkdown以外のパッケージが提供する出力形式を利用する場合も、出力形式を定義する関数を指定します。ただし、どのパッケージ由来の関数か明示するため、**パッケージ::関数**の形式で値を記述します[注24]。

```
output: revealjs::revealjs_presentation
```

　引数を指定すると、見出し番号の追加や見出しをもとにした目次の作成など、便利な機能が利用できます。引数を指定するにはYAMLの連想配列を階層化します。

```
output:
  html_document:
    toc: TRUE # 目次を表示
```

　出力形式ごとの引数の詳細はヘルプを参照してください（例: **?rmarkdown::html_document**）。

段落内の改行の半角スペース化を防ぐ

　R Markdownの出力形式には、**md_extensions**というMarkdown記法を拡張する引数が用意されています[注25]。段落内での改行の扱いを変更する機能としては以下の3つが用意されています。

注23　R Markdownの主要な出力形式一覧 https://rmarkdown.rstudio.com/formats.html
注24　この記法で関数を呼び出す場合、**library**関数でパッケージを読み込む必要がないうえに、複数のパッケージに同名の関数がある場合の曖昧さを回避できます。詳しくは3章を参照してください。
注25　Pandoc's Markdown のその他の拡張機能は以下のURLを参照してください。https://pandoc.org/MANUAL.html#non-pandoc-extensions

- east_asian_line_breaks：改行の前後が全角文字の場合のみ改行を無視して前後の行を直結する
- ignore_line_breaks：改行を無視して前後の行を直結する
- hard_line_breaks：改行を維持する

例えばhard_line_breaksを利用するには、以下のように指定します。導入したい機能の前には+を付けるのがポイントです。

```
# 絵文字の利用と改行コードの無視
output:
  html_document:
    md_extensions: +hard_line_breaks
```

複数の出力形式を指定

YAMLフロントマターには複数の出力形式を記述できます。例えば、RStudioのViewerペインで閲覧できるHTML文書を下書きに使いつつ、最終的にはWord文書などの他のフォーマットを利用したい場合に便利です。

```
# 出力形式にHTML文書とWord文書を指定する例
output:
  html_document: default
  word_document:
    md_extensions: "+ignore_line_breaks"
```

ここで、html_document関数に指定したdefaultは、デフォルト引数の利用を宣言する特別なキーワードです[注26]。

[Knit] ボタンで変換すると先頭の出力形式が採用されます（html_document関数）。word_document関数を選択するには、[Knit] ボタンの右端にある「▼」からドロップダウンメニューを展開し、Knit to Wordをクリックします。

注26　NULLとも指定できますが、意味がわかりやすいdefaultを推奨します。

4-5

HTML文書を作成する

　R Markdownを利用してデータ分析と文書作成を一気通貫で行うと、以下のような利点があることは前述しました。

- コピペに関連する手間の解消や再現性問題の改善
- 分析中の思考の散逸防止

さらにHTML形式を文書の出力形式に選ぶ恩恵は多岐にわたります。

- 図表による表現の強化
  - 紙面に縛られず、好きなサイズのグラフや表を表示できる
  - 対話的に操作可能な図表を作成できる
    - ・グラフにカーソルを重ねた場所の座標を表示
    - ・グラフの特定の座標範囲を拡大する
    - ・巨大な表をページ分けする
    - ・表の内容を検索する
- ブラウザさえあれば読める
  - パソコンでもスマートホンでも内容を確認できる
  - Web公開が簡単
- RmdファイルとHTMLファイルの内容をRStudioのSourceペインとViewerペインに並べて表示できる

これらのメリットによって分析レポートの下書きが便利になります。最終的にWord文書やPDF文書を作成したい場合でも、まずはHTML文書化しておき、内容が固まってから目的の形式で文書作成するとよいでしょう。

　R MarkdownでHTML文書を作成するにはYAMLフロントマターのoutputキーにhtml_document関数を指定します。

```
output: html_document
```

目次の追加や見た目の変更

html_document関数の引数は、目次の作成をはじめさまざまな機能を提供します。本節では代表的な引数を紹介します。詳細はヘルプを参照してください（**?rmarkdown::html_document**）。

```
# html_document関数に引数を指定した例
# 各引数の既定値はコメント末尾の括弧内に記した
output:
  html_document:
    # 目次と見出しに関するもの
    toc: TRUE                # 目次を追加（FALSE）
    toc_depth: 3             # 見出しレベル3まで目次化（3）
    toc_float: TRUE          # スクロールに合わせて目次を移動（FALSE）
    number_sections: TRUE    # 見出しと目次の各項に番号を付ける（FALSE）
    # 見た目に関するもの
    highlight: monochrome    # シンタックスハイライトを利用する（default）
    theme: yeti              # テーマを設定する（default）
    # その他
    code_folding: hide       # コードを折り畳んで隠す（none）
    md_extensions: "+ignore_line_breaks" # 拡張機能を指定（NULL）
```

見出しをもとにした目次の作成（**toc: TRUE**）や、目次のサイドバー化（**toc_float: TRUE**）、見出し番号の追加（**number_sections: TRUE**）といった設定は長文レポートを読みやすくします[注27]。

見た目を調整する**highlight**引数と**theme**引数に指定できる選択肢はヘルプを参照してください（**?rmarkdown::html_document**）。ちなみに白黒印刷時にもシンタックスハイライトを読み取れるようにしたい場合は**"monochrome"**が便利です。詳細な書式設定にはCSSファイルを**css**引数に指定します（コラム「CSSを使ってHTML文書やHTMLスライドの書式を設定する」を参照してください）。上記の例ではコピペしてすぐ使えるように**css**引数を省略しました。

他に**code_folding**引数や**md_extensions**引数も重宝します。**code_folding**引数はコードブロックの右上にボタンを追加し、コードブロックを折り畳んで隠せるようにする機能があります。以下の3つの選択肢があります。

[注27] **toc**は「table of contents」の略で「目次」を意味します。目次のサイドバー化には**toc: TRUE**を指定しておく必要があります。また、サイドバーに表示した目次は画面幅を狭くすると画面上部に移動します（レスポンシブデザイン）。

- 機能を無効にする**none**（既定値）
- 有効にしてすべて隠しておく**hide**
- 有効にしてすべて表示しておく**show**

md_extension引数はPandoc's Markdownの拡張機能を指定します。前節の「段落内の改行の半角スペース化を防ぐ」の項でも紹介した通り、改行の扱いを指定したい場合に特に活躍することでしょう。

操作可能なグラフや表の出力

操作可能なグラフや表の利用は、HTML文書を用いる最大の利点の1つです。3章でも紹介したplotlyパッケージなどのコードをそのまま使うだけで、操作可能なグラフや地図をHTML文書に表示できます。これらはHTMLウィジェットと呼ばれ、代表的なものは「htmlwidgets for R - gallery」[注28]にまとまっています。ここでは、表と地図の出力方法を紹介します。

検索やページ分けができる表を出力

大規模な表を含むHTML文書は、表が文書の大部分を占めてしまい、目的の情報にページスクロールでたどりつくのが困難になります。そこでDTパッケージやreactableパッケージを使うと、表を指定した行数ごとにページ分けでき、文書の見通しがよくなります。さらにはデータの検索などの便利な機能を提供します。

DTパッケージはこの分野の代表です。rmarkdownパッケージと同じくYihui Xie氏が開発を主導していて、手堅い選択肢と言えるでしょう。基本的な使い方は、データフレームを**DT::datatable**関数に入力するだけです（図4.15）。検索機能などを有効化するには以下のように引数を指定します。詳しい使い方や作例は公式ページ[注29]や、kazutan氏による日本語の解説[注30]を参照してください。

```
DT::datatable(
  mtcars,
  filter = 'top', # 各列の上部に検索窓を配置
  options = list(
```

注28　http://gallery.htmlwidgets.org/

注29　https://rstudio.github.io/DT/

注30　https://kazutan.github.io/SappoRoR5/DT_demo.html

```
    pageLength = 3,  # ページごとに表示する行数を指定
    scrollX = TRUE   # 列数に合わせて横スクロールを有効化
  )
)
```

図4.15 DTパッケージで作成した3行ごとにページ分けした表

	mpg	cyl	disp	hp	drat	wt	qsec	vs	am	gear	carb
	All	All	All	All	All	All	All	All	All	All	All
Mazda RX4	21	6	160	110	3.9	2.62	16.46	0	1	4	4
Mazda RX4 Wag	21	6	160	110	3.9	2.875	17.02	0	1	4	4
Datsun 710	22.8	4	108	93	3.85	2.32	18.61	1	1	4	1

Show 3 entries　　　　　Search:

Showing 1 to 3 of 32 entries　　Previous 1 2 3 4 5 … 11 Next

reactableパッケージは発展途上ですが、DTパッケージよりも大規模な表を高速にレンダリングできる魅力があります[注31]。**reactable::reatable**関数に指定するだけで利用でき、引数で表示方法を調整します（図4.16）。以下に挙げるものをはじめ、豊富な機能を持ちます。

- 検索機能[注32]
- セルの値に応じた背景色の変更
- 棒グラフの表示
- 行や列のグルーピング

詳しい使い方や作例は公式ページを参照してください[注33]。

```
# reactableパッケージによる表の出力例
reactable::reactable(
  mtcars,
  filterable = TRUE,  # 列ごとに検索を有効化
  defaultPageSize = 3 # ページごとの行数の上限を設定
)
```

注31 DTパッケージを大規模なデータに利用する方法として、サーバサイドレンダリングが用意されていますが、サーバが必要になるため、一般的なR Markdownの用途に合いません。

注32 ただし完全一致による検索しかできず、数値データの検索範囲を指定できません。

注33 https://glin.github.io/reactable/index.html

図4.16 reactableパッケージで作成した列の検索が可能な表

	mpg	cyl	disp	hp	drat	wt	qsec	vs
Mazda RX4	21	6	160	110	3.9	2.62	16.46	0
Mazda RX4 Wag	21	6	160	110	3.9	2.875	17.02	0
Datsun 710	22.8	4	108	93	3.85	2.32	18.61	1

1–3 of 32 rows　　　　　　　　　　Previous　**1**　2　3　4　5　…　11　Next

拡大縮小や移動が可能な地図を出力

　調査地域や試料の採取地点の説明には地図が必要です。しかし、文書を読む人が調査地域の地理に明るいとは限らず、移動や縮小によりおおよその位置を把握したい場合や、拡大して道の詳細を知りたい場合などがあります。このようなときに、対話的な地図を出力するleafletパッケージが便利です。以下のようにレイヤを重ねて作図していく様子はggplot2パッケージに似ています。ggplot2パッケージやplotlyパッケージを使った作図と同様に、**fig.width**や**fig.height**といったチャンクオプションを使って表示サイズを変更できる点も共通しています。試しに日本のへそを表示してみましょう（図4.17）。

```
leaflet::leaflet() %>%   # leafletを開始。ggplot2::ggplot関数相当
  leaflet::addTiles() %>% # 地図を追加。ggplot2::geom関数群相当
  leaflet::setView(       # 表示箇所を指定。ggplot2::coord_*関数に近い
  # 経度        緯度       倍率
    lng = 135, lat = 35, zoom = 16
  )
```

図4.17 leafletパッケージとOpenStreetMap (https://www.openstreetmap.org/) による地図の作例

　addTiles関数で表示する地図は標準のOpenStreetMapの他に国土地理院による地図などが利用できます。名前がaddから始まる関数には、他に地図にマーカーを追加するaddMarkers関数や吹き出しを追加するaddPopup関数などがあります。これらの関数はggplot2::ggplot関数のように、自身やleaflet関数のdata引数に指定されたデータフレームの列を参照できます。ただし、formulaを利用してaddMarkers(lng = ~ lng, lat = ~ lat)といった具合に指定する点がggplot2パッケージのgeom関数群と異なります。例として、国土地理院の地図の東経135度北緯35度の地点にふきだしで「日本のへそ」と表示してみましょう（図4.18）。

4

```
# 日本のへそに「日本のへそ」のふきだしを表示する
data.frame(name = '日本のへそ', lng = 135, lat = 35) %>%
  leaflet::leaflet() %>%
  leaflet::addTiles( # 国土地理院地図の表示
    "https://cyberjapandata.gsi.go.jp/xyz/std/{z}/{x}/{y}.png"
  ) %>%
  leaflet::addPopups( # 指定座標にふきだしを表示
    lng = ~ lng, lat = ~ lat, popup = ~ name
  ) %>%
  leaflet::setView( # 地図の中心座標と拡大率を指定
    lng = 135, lat = 35, zoom = 16
  )
```

図4.18 leafletパッケージを使って作成した地図にふきだしを表示。地図には地理院タイルを利用（https://maps.gsi.go.jp/development/ichiran.html）

　詳しくは公式サイト[注34]やkazutan氏による日本語の解説[注35]を参照してください。

注34 https://rstudio.github.io/leaflet/

注35 https://kazutan.github.io/JapanR2015/leaflet_d.html#github

4-6
HTMLスライドを作成する（revealjsパッケージ）

　RmdファイルからHTMLスライドを作成するメリットは、コピペ問題の改善や図表による表現力の強化など、HTML文書を作成するメリットとほぼ同じです。

対話的に操作可能な図表によって実現できる表現力は、HTML文書よりもメリットが多いかもしれません。スライドの内容を共有する場には、話し手と聞き手が同時に存在します。そして聞き手の質問や要望、議論には可能な限りその場で応じたいものです。

- 図の点の実際の数値はいくつ？
- 地図を拡大できる？

　このような問い合わせに対しても、HTMLスライドで対話的な図表を使えば、その場で値の読み上げや図の拡大縮小ができます。スライドとともにExcelファイルなどを携帯する手もありますが、ファイルやデータの探索に時間がかかり、そもそもRで分析しているとRの立ち上げからになってしまい現実味がありません。話し手と聞き手、お互いの時間を有効に効率的に利用するためにも、表示しているスライドでさっとデータの詳細を提示したいものです。

　一方でHTML文書の場合、読み手はまず文書を相手にするので、質問などに対して書き手の素早い対応はあまり求められません。対話的な図表はあると便利くらいな位置付けになるでしょう。

　また、HTML形式に限らず、Rmdファイルでスライドを作るもう1つのメリットに**レイアウトの固定**が上げられます。PowerPointなどでスライドを作ると、その自由度の高さゆえに文字や画像のサイズ・配置に凝りがちです。すると、次のような問題が起こります。

- レイアウトに時間をかけてしまい図の作り込みの時間を圧迫する
- 話し手も聞き手も注目すべき点を見失いがちになる
  - 話し手が話している内容と聞き手が読んでいる内容が違ってしまう

- ページごとにコンテンツの流れが一定せず読みにくい

　時間をかけて作成したスライドがうまく伝わらなければ意味がありません。気をつけてスライドを作れば解決できるかもしれませんが、自由が効くとついレイアウトをいじりがちです。**いっそレイアウトを固定してしまえば、「内容」を考えることに意識と時間を集中できます。**以下は筆者が心掛けるスライド作りのコツです。

- 内容は上から下に並べる
- 文字の大きさは変更せず、画像はできるだけ大きくする
  - 文字数は端的な表現で減らす
  - 図は1ページ1枚、多くて2枚までとする
- 図が多いなら、ページを分けて言葉でページをつなぐ

　これらは長年のR Markdownを用いたスライド作成で強制、あるいは矯正された果てに気付いたものです。というのもR Markdownには次のような性質があるからです。

- Rmdファイルが実質的にプレインテキストファイルなので、内容は上から下に並ぶ
- 文字の大きさを調整するにはHTMLの記述などが必要で手間
- デフォルトで図のサイズがスライドの大部分を占める

　一方で模式図などの複雑な作図は不得手とします。そこはInkscapeやAdobe Illustratorなど他のソフトウェアで作成した図を取り込むとよいでしょう。フローチャートやブロック図であればdiagrammeRパッケージが便利です。

　本節では、revealjsパッケージを用いたHTMLスライドを紹介します[注36]。rmarkdownパッケージ単体でもHTMLスライドを作成できますが[注37]、revealjsパッケージを使うとスライドの一覧表示、2次元レイアウトなどの強力な機能を利用できます。

注36　https://github.com/rstudio/revealjs
注37　rmarkdownパッケージが提供するHTMLスライド作成用の関数には`ioslides_presentation`と`slidy_presentation`があります。

revealjsパッケージでHTMLスライドを作るには、YAMLフロントマターの**output**キーに**revealjs::revealjs_presentation**関数を指定します。

```
output: revealjs::revealjs_presentation
```

テンプレートファイルから作成するには、RStudioのメニューより「File」→「New File」→「R Markdown...」→「From Template」→「Reveal.js Presentation」→「OK」を選択します。

HTMLスライドはPowerPointなどに比べて、文字や画像の配置の細かいコントロールを不得手とします。しかし、シンプルなレイアウトの強制は発表者にとっても視聴者にとっても悪いことばかりではありません。画像の配置などの複雑なレイアウトよりも、簡単にできる範囲で表現する工夫に時間を割いてみてください。例えばスライド1枚あたりの画像を1つだけにして情報量を制限すると、発表者も視聴者もスライドの内容を追いやすくなります。

■ 改ページ

伝える内容を細かく分けて説明するスライドにおいて、改ページは必須要素です。R MarkdownではHeading 1やHeading 2といった見出しごとに改ページします。言い替えると、見出しはページタイトルに相当し、必須の要素です[注38]。ページタイトルを気軽に省略できるパワーポイントなどによるスライド作成と比べると手間に感じるかもしれません。しかし、良いタイトルが思い付かないときは、1つのページに複数の内容を盛り込んでしまっている可能性があります。タイトルを付ける作業は、伝えたい内容を見直すきっかけととらえてみてください。

ページ数が多いスライドを二次元に並べて構造化

多くのスライドではページが縦か横の一方に並びます。この場合、ページ数の増加とともに以下のような不都合に遭遇します。

- 補足スライドがスライドの末尾に並んでしまい、序盤で補足資料が必要になると遠くまでページ移動が必要になる

注38　実際には、Visual editor上で内容のないHeading 1を作成すると、「見かけ上」見出しがないページを作成できます。図を大きく表示したくてタイトルさえも邪魔になる場合など、たまに出番があるテクニックです。

- 特定の話題のページに戻りたくても探すのに時間がかかる

　これに対し、**revealjs::revealjs_presentation**関数は、ページの二次元配置をデフォルトで採用し、Heading 1ごとに右へ、Heading 2ごとに下へ改ページして、話題ごとにページを縦に並べることを可能にしました（図4.19、図4.20）。もちろん、ページ数が少ない場合や好みに応じて一次元配置を使いたい場合は次項の「ページ数が少ないスライドを一次元に並べる」を参照してください。

図4.19　ページを二次元配置するRmdファイルの例。各見出しには横に改ページするHeading 1か縦に改ページするHeading 2か、括弧書きで注釈している

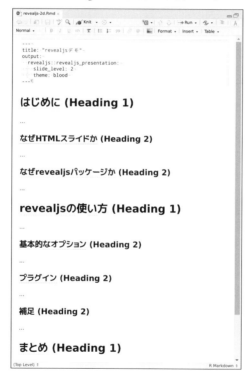

図4.20　ページを二次元配置したスライドのページ一覧の様子。図4.19のRmdファイルをもと
に作成。ページ一覧を表示するには、スライドをブラウザで開いて Esc キーを入力する

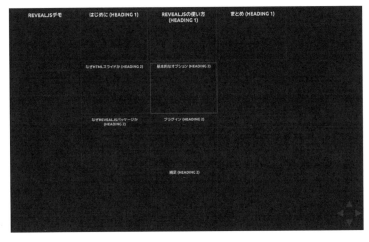

作成したスライドを開いてページを移動するには、キーボードの矢印キーを使
うか、ページ右下のコントロールボタンから進みたい方向を選びます。下方向にペー
ジを移動している途中でも、左右にページを移動できます。**この性質を利用すると、
現在のページよりも下にあるページが不要であればスキップして次の話題に飛べ
ます。スキップ前提の補足資料置き場として活用できる他、時間が押していると
きにスムーズに話題をスキップする使い方もあります。**

図4.20のようにページ一覧を見るには、スライド上の任意のページで Esc キー
を押します。また、一覧表示時にはマウス操作や矢印キー+ Enter で任意のペー
ジに移動できます。ページ移動せずに一覧表示を解除する場合は Esc をもう一
度押してください。

ページ数が少ないスライドを一次元に並べる

二次元配置はページ数が多いスライド向けの機能です。ページ数が少ないとき
に二次元配置を使うと、縦と横のページ移動が入り交ざって、話題の切り替わり
が激しく慌しい印象を与えるかもしれません。また、二次元配置に親しみがない
方もいるかもしれません。このような場合は一次元に並べるといいでしょう（図4.21）。
方法は2つあります。どちらの場合も Heading 1ごとに横に改ページします。

1. **slide_level**引数に**1**を指定して一次元配置を強制する
   - 改ページせずに Heading 2 を使いたい場合向け（図4.21）
   - YAML フロントマターの指定方法は以下の通り

```
output:
  revealjs::revealjs_presentation:
    slide_level: 1
```

2. Heading 1 だけを使って**slide_level**引数を指定しない
   - 引数指定を省略したい場合向け
   - 様子を見て Heading 2 を使って二次元配置に切り替えたい場合にも便利

1がまっとうな方法ですが、設定不要で気軽に二次元配置にも切り替えられる
2をおすすめします。

図4.21 ページを一次元に並べたときのページ一覧。図4.19の Rmd ファイルにおいて
revealjs::revealjs_presentation関数の**slide_level**引数に**1**を指定した場合に相当
する。ページを二次元に並べた図4.20では、Heading 2 ごとに縦方向に改ページしていた
が、この図では縦方向の改ページがなくなり、縦方向の内容が1ページに圧縮されている

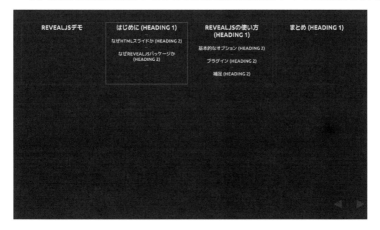

見た目の調整

revealjs::revealjs_presentation関数の引数はさまざまな機能を提供しま
すが、ここでは主に見た目に関わる引数を紹介します。各引数の詳細については

ヘルプを参照してください（**?revealjs::revealjs_presentation**）[注39]。

```
# revealjs::revealjs_presentation関数に引数を指定した例
# 各引数の既定値はコメント末尾の括弧内に記した
output:
  revealjs::revealjs_presentation:
    center: TRUE          # 内容を上下に中央揃えする（FALSE）
    slide_level: 2        # スライドを2次元的に配置する（2）
    theme: sky            # テーマを設定する（simple）
    highlight: default    # シンタックスハイライトを利用する（default）
```

　revealjsパッケージによるHTMLスライドはページの二次元配置が際立った特徴の1つですが、**slide_level**引数に**1**を指定すると、ページの切り替えを横方向のみに限定できます。他にも次のような引数が用意されています。

- 見た目を詳細に調整するための**css**引数[注40]
- 箇条書きを1つずつ表示していく**incremental**引数
- ページ番号の表示などを可能にする**reveal_options**引数[注41]
- 発表中のスライドへの手書き入力やコンテンツの拡縮を可能にする**reveal_plugins**引数[注42]

ページ番号を付与したPDF化

　HTMLスライドは発表者にとって便利な一方、そのまま配布すると戸惑う方もいるかもしれません。また、印刷にちょっとしたテクニックが必要な点も戸惑うポイントです。このようなときはページ番号を付けてPDF化するといいでしょう。

　ページ番号を付けるには、**revealjs::revealjs_presentation**関数の**reveal_options**引数を使ってオプション機能の**slideNumber**を有効化します[注43]。

注39　特に**theme**引数に指定できる値が**html_document**関数と異なる点に注意してください。

注40　**css**引数にはCSSファイルへのパスを指定します。全体的な見た目を**theme**引数で指定したうえで、詳細を**css**引数で補うといいでしょう。筆者の好んで使うCSSファイルを収録しましたので、参考にしてみてください（コラム「CSSを使ってHTML文書やHTMLスライドの書式を設定する」参照）。

注41　https://github.com/rstudio/revealjs#reveal-options

注42　https://github.com/rstudio/revealjs#reveal-plugins

注43　他にもさまざまなオプション機能があります。例えば**previewLinks**オプションを使うと、リンクテキストにマウスを重ねたときに、リンク先の内容をページ移動せずに表示できます。他の機能については、reveal.jsのバージョン3.3.0の公式ドキュメントを参考にしてください。https://github.com/hakimel/reveal.js/tree/3.3.0#configuration　また、2021年11月21日時点では開発版のrevealjsパッケージがreveal.jsのバージョンを4.1.2に更新されています。この更新を含むバージョンのrevealjsパッケージを利用する場合は、以下のURLを参照してください。https://revealjs.com/config/

```
output:
  revealjs::revealjs_presentation:
    reveal_options:
      slideNumber: TRUE
```

　加えてPDF化するには、作成したスライドをブラウザで開き、URLの末尾に**?print-pdf**を追加してください。そしてブラウザの印刷機能からPDFにします。

Column
CSSを使ってHTML文書やHTMLスライドの書式を設定する

　本書で紹介したR Markdownによる HTML 文書（**rmarkdown::html_ document** 関数）や HTML スライド（**revealjs::revealjs_presentation** 関数）は、**theme** 引数を用いて全体的な見た目を調整できます。さらに細かい調整を行うには、CSS[44] ファイルを記述し **css** 引数に指定します。これにより、見出しの文字色を赤色にする、コードブロックのフォントに Noto Mono を指定するといった書式を設定できます。

試してみる
　すべての段落の文字色を赤色にしてみましょう。CSS に記述するルールは以下の通りです[45]。

```
/* 段落の文字色を赤色にするルール */
p {
  color: red;
}
```

　このルールを **style.css** ファイルに保存して、以下のように Rmd ファイルに読み込ませてみましょう。HTML ファイルに出力すると、実際には段落が赤くなります。

注44　Cascading Style Sheet の略。CSS について体系的に学ぶには Mozilla Developer Network が便利です。大部分が日本語訳されており、チュートリアルも用意されています。https://developer.mozilla.org/ja/docs/Web/CSS

注45　色の指定には慣用名の**red**、**orange** などを用いる方法や ()、**#ff0000**（赤）といった具合に赤青緑の3色の強度を **00** から **ff** までの16進数による256階調で示す方法などがあります（hex-color）。https://developer.mozilla.org/ja/docs/Web/CSS/color

```
---
output:
  html_document:
    css: style.css
  revealjs::revealjs_presentation:
    css: style.css
---

段落の文字色は赤色になります。
```

CSS の書き方

　CSS のルールはどの HTML タグやクラスにスタイルを設定するか指定する「セレクタ」、どのスタイルを変更するか指定する「プロパティ」、どうスタイルを変更するか指定する「プロパティ値」の3種の要素からなります。先の例では p がセレクタ、color が属性、red が値です。コメントは /* と */ の間に記述します。

```
/* CSSの構成要素 */
セレクタ {
  プロパティ: プロパティ値;
}
```

　セレクタには HTML タグ名をそのまま記述し指定する要素型セレクタ（例：p）、クラス名をピリオド（.）から始めて記述し指定するクラスセレクタ（例：.class）、ID をハッシュ（#）から始めて指定する ID セレクタ（例：#ID）などさまざまな種類があります[注46]。これらのセレクタは、カンマ区切りで複数を指定し、連続して記述することで詳細を指定できます。例えば以下の CSS ではすべての見出しの文字列を赤色にしますが、title クラスを持つ見出しレベル1の文字色だけは黒色にします[注47]。

[注46]　セレクターのリファレンス表　https://developer.mozilla.org/ja/docs/Learn/CSS/Building_blocks/Selectors#Reference_table_of_selectors

[注47]　CSSのセレクタには詳細度という概念があり、詳細度の高いものほど優先されます。基本的な詳細度の大小関係はID > クラス > 要素型です。詳細度が等しいセレクタは最後に記述されたものが優先されます（詳細度 https://developer.mozilla.org/ja/docs/Web/CSS/Specificity）。

```css
/* すべての見出しの文字色を赤色にする */
h1, h2, h3, h4, h5, h6 {
  color: red;
}

/* タイトルクラスを持つ見出しレベル1は文字色を黒色にする */
h1.title {
  color: black;
}
```

他にも子孫結合子や疑似クラスなど特殊なセレクタがあり、うまく利用すると表の背景色を奇数行と偶数行とで変えるなどといったことができます。

```css
/* 表の奇数行の背景を灰色にする */
/* tr要素の中にある奇数行のtd要素の背景を灰色にする */
tr:nth-child(odd) td {
    background-color: gray;
}

/* 表の奇数行の背景を白色にする */
/* tr要素の中にある偶数行のtd要素の背景を灰色にする */
tr:nth-child(even) td {
    background-color: white;
}
```

コロンで隔てられたプロパティとプロパティ値の対は宣言と呼ばれます。あるセレクタに対し複数の宣言を行うには、以下のように宣言をセミコロンで区切ります。

```css
/* フォントサイズを18pxにし、行の高さをフォントサイズの1.5倍にする */
p {
  font-size: 18px;
  line-height: 1.5;
}
```

CSS の設定を効率化にする

　HTML 文書の書式を調整するために、CSS ファイルを更新するたびにレンダリングするのは非常に手間です。効率化するための第一歩は、YAML フロントマターの output 変数を以下のように記述し、rmarkdown::html_document 関数の self_contained 引数に FALSE を指定します。

```
# self_contained = FALSEなhtml_documentの設定
output:
  html_document:
    self_contained: FALSE
    css: style.css
    # CSSのファイル名は仮のものです
```

　すると、出力される HTML 文書は、CSS を内蔵する代わりに、CSS ファイルを参照するようになります。このため、CSS ファイルに変更を加えて保存してから、出力された HTML 文書を開き直す（更新する）と、CSS ファイルの変更が反映されるようになります。CSS を調整するために Rmd ファイルのレンダリングを繰り返す必要がなくなり、作業効率が改善することでしょう。

　また、ブラウザを使うと選択箇所の HTML や適用されている CSS を確認し、一時的な変更を加えられます。Chrome ブラウザでは **DevTools** と呼ばれるこの機能を用いて、自分が必要な CSS について検証し CSS ファイルに反映すると、書式設定が一段と効率化します。DevTools の概説[注48] や CSS の確認・編集方法[注49] は公式ドキュメントを参考してください。

revealjs パッケージを用いた HTML スライド向けのおすすめ CSS

　HTML 文書も HTML スライドと同様に CSS を用いた書式設定が可能です。Revealjs パッケージでは最初からある程度見栄えのする書式設定が施されていますが、コードブロックを筆頭に全体としてフォントサイズが小さく、画像に余計な装飾が施されています。以下はこれらの問題を修正する CSS の例です。

```
/* 全体の基準となるフォントサイズを大きくする */
.reveal {
  font-size: 40px
}

/* テーマが見出しを大文字化するのを防ぐ */
.reveal h1, .reveal h2, .reveal h3 {
  text-transform: none;
}
```

注48　https://developers.google.com/web/tools/chrome-devtools?hl=ja
注49　https://developers.google.com/web/tools/chrome-devtools/inspect-styles?hl=ja

```
/* ソースコードのフォントサイズを大きくする */
.reveal pre {
  font-size: 0.9em
}

/* ソースコードの余白を調整する */
/* preとdivで余白を指定しているのでdivの余白を消す */
.reveal div.sourceCode {
  margin: 0;
}

/* 画像の枠と影を消す */
.reveal section img {
  border: none;
  box-shadow: none;
}

/* HTMLウィジェットを中央揃えにする */
.reveal div.html-widget {
  margin: 0 auto;
}
```

4-7

Word文書の作成

　Wordは多くの業務で採用されている文書作成用のソフトウェアです。ところが、Wordで文書作成するためにRで分析した結果をコピペすると、手間や再現性の問題が重くのしかかります。R MarkdownでWord文書を作成すれば、この問題から解放されます。HTML文書のような対話的な図表が使えない一方で、業務上の慣例やルールに則った運用ができる導入のしやすさが魅力でしょう。本節ではWord文書作成の基礎に加え、業務へのスムーズな導入を支援すべく、既存のテンプレートの利用方法も説明します。なお、本節ではWord特有の機能の説明には、2021年12月時点におけるOffice 365のWordを用います。

　R MarkdownでWord文書を作成するにはYAMLフロントマターの**output**キー

にword_document関数を指定します。

```
# 引数を指定しない場合
output: word_document
```

目次の追加やテンプレートの変更

Word文書もHTML文書やHTMLスライドと同様に引数を用いた詳細設定が可能です。代表的な引数の多くはHTML文書に共通します。例外はテンプレートを指定する reference_docx 引数ですが、これについては次項で詳解します。

```
# word_document関数に引数を指定した例
# 各引数の既定値はコメント末尾の括弧内に記した
output:
  word_document:
    toc: TRUE            # 目次を追加（FALSE）
    toc_depth: 3         # 見出しレベル3まで目次化（3）
    highlight: tango     # シンタックスハイライトを利用する（default）
    reference_docx: NULL # テンプレートの指定（NULL）
    md_extensions:  "+ignore_line_breaks" # 拡張機能を指定
```

テンプレートの利用

業務で文書を作成する場合、テンプレートに従う必要があります。Word上で文書を作成する場合は、必要なテンプレートファイルをコピーしてから編集することが多いでしょう。一方、R Markdownでは以下のようにYAMLフロントマターで reference_docx キーにテンプレートのファイルパスを指定するだけでテンプレートにしたがった文書を作成できます。テンプレートは必要に応じて新規作成や更新をしなければなりませんが、YAMLフロントマターを通じてファイルパスで指定しているため、差し替えが簡単です。

```
# Word文書のテンプレートを指定する
output:
  word_document:
    reference_docx: reference.docx
```

　もちろん、テンプレートを使わずに、RmdファイルをWord文書化してからテンプレート通りに仕上げることも可能です。しかし、文書を大量に作成したい場合や修正が度重なる場合に、負担が大きい方法です。テンプレートがあればすべて解決するとは限らず、Word上での最終調整が必要な場面もしばしばありますが、調整範囲を最小限に抑えて少しでも効率的に文書を作成しましょう。そのためには、テンプレートの作成や更新がしばしば必要になります。このあたりも含めたテンプレートの扱い方を図4.22のフローチャートにまとめました。本項と、続く「テンプレートの作成」、「テンプレートの更新」の項ではこのフローチャートに沿って必要なノウハウを提供します。

4

　ところで一般にテンプレートという語が対象とする範囲は、以下に挙げるようなスタイルやページレイアウト、コンテンツなど多岐にわたります。

　reference_docxキーに指定できるテンプレートファイルが対象とする範囲は主にスタイルやページレイアウトである点に注意が必要です。ヘッダーやフッターはコンテンツの一種ですが例外的にテンプレートの対象範囲内です。その他のコンテンツのテンプレート化はRmdファイル上で行うとよいでしょう。

- スタイル
  - 見出しや段落などの文書要素ごとに設定した書式設定
  - Wordにおいては「テキストに適用できる再利用可能な書式設定オプションのセット」[注50]
- ページレイアウト
  - サイズ
  - 余白
  - 縦向きか横向きか
- コンテンツ
  - 概要や結論などの章構成
  - 見出しの付け方（概要・あらすじ・サマリーなど）
  - ですます調かである調か
  - ヘッダーやフッター
  - 他

注50　Wordにおけるスタイルの語の定義は、「クイックスタイルギャラリーのスタイルを追加および削除する」のページに記述されています。https://support.microsoft.com/ja-jp/office/クイック-スタイル-ギャラリーのスタイルを追加および削除する-21c5b9de-b19e-4575-bc87-cb2b55ece224?ui=ja-JP&rs=ja-JP&ad=JP

　　reference_docxキーに指定できるテンプレートが存在しない場合、次節の「テ
ンプレートを作成する」以降を参考にテンプレートを用意してください。

　　テンプレートがある場合は、テンプレートが正しく機能するか確認し、必要に
応じて作り直しや更新を検討しましょう。確認するにはテンプレートを
reference_docxキーに指定してRmdファイルをWord文書化し、成果物を
Word上で開きます。効果的な確認を行うためにRmdファイルには下書きでよい
ので内容を盛り込んでおくことをおすすめします。確認して不備がなければ、テ
ンプレートは実用レベルにあると判断して、Rmdファイルの記述に専念してくだ
さい。もしまったくと言っていいほど想定通りにテンプレートが反映されていな
い場合は、テンプレートを作り直しましょう。次項の「テンプレートの作成」に
進んでください。不備が一部であれば、「テンプレートの更新」を参考に改善を
試みてください。

図4.22　テンプレートを作成・更新する際のフローチャート。テンプレートの限界を超えたこと
　　　　　をするには、完成後にWord上で行う

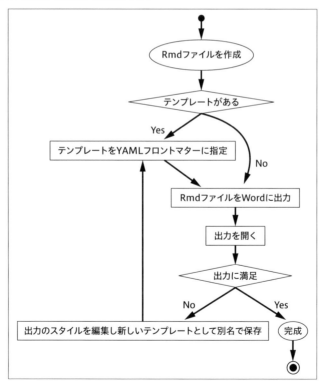

■ テンプレートの作成

　テンプレートがない場合は、新規作成が必要です。その礎とすべく、下書きしたRmdファイルをテンプレート抜きでWord文書に変換しましょう。YAMLフロントマターの**reference_docx**キーに**NULL**を指定した状態で 🖎Knit ▾ をクリックしてください。

```
output:
  word_document:
    reference_docx: NULL
```

　次に、できたWord文書のファイル名を**reference.docx**などに変えておきます。ファイル名を変更しなかった場合、RmdファイルをWordに変換するたびにファイルが上書きされてしまうため、せっかく用意したテンプレートを失うおそれがあります。

　ファイル名を変えたらWordで開き、デザインタブからテンプレートに一番近い見た目になるスタイルを選んでください（図4.23）。上書き保存したら次項の「テンプレートの更新」に進みます。

図4.23　Wordの「デザイン」タブ。デフォルトでは一番左のスタイルが選ばれている。目的に近いスタイルを選択しておくと、次の「テンプレートの更新」作業が楽になる

■ テンプレートの更新

　現状のテンプレートを用いたWord文書の作成に不満があれば、テンプレートを更新してください。更新には、Rmdファイルに既存のテンプレートを適用してWord文書を作成し、出てきたWord文書を編集して新たなテンプレートとして別名で保存します。必要に応じてRmdファイルのYAMLフロントマターも更新し、新しいテンプレートを使うように指定してください。

テンプレートを更新したら、実際に使ってWord文書を作成し、結果を確認しましょう。そしてできる限り満足のいく仕上がりになるまで、更新と確認の作業を繰り返します。テンプレートで対応できない問題が残る場合は、Rmdファイルから Word文書を作成したあとにWord上で最終調整が必要な部分として受け入れましょう。

以降ではテンプレートの編集方法を紹介します。各操作に必要な機能が表示されるように、Wordのウィンドウサイズを大きくしておくことをおすすめします。

見出しや段落などの文字列のスタイル変更

段落や文字列のスタイルを変更するには、まず該当箇所をクリックします。次に「ホーム」タブのスタイルの右端近くにある「スタイルウィンドウ」をクリックします（図4.24）。すると、画面右側にサイドメニューが立ち上がり、各スタイルの調整が可能になります。

キャレットの現在位置（文字入力位置）のスタイルを変更する場合は、「スタイルウィンドウ」の最上部にある「現在のスタイル」に注目してください。図4.24ではキャレット位置が「Author」のhとoの間にあるので、現在のスタイルは「Author」スタイルになっています[注51]。このスタイル名をクリックするとドロップダウンメニューが開きます。そして「スタイルの変更……」を選択し新たに立ち上がった画面を使うと、フォントサイズや行間などを自由に調整できます（図4.25）。「OK」ボタンをクリックすると設定が反映されます。

他のスタイルを「現在のスタイル」に一致させるには、「スタイルウィンドウ」中の「スタイルの適用：」の下に並ぶスタイル一覧に注目してください。スクロールすると利用可能なスタイルをすべて確認できます。変更を加えたいスタイルにマウスカーソルを重ねると右側に出現する「▼」アイコンをクリックすると、メニューが表示されます。その中から「選択箇所と一致するように変更する」を選びます。例えば図4.24の場合、「Subtitle」スタイルの設定内容を「Author」スタイルのものに一致させると、紺色のサンズ体で表示されている「Subtitle」が黒字のセリフ体に変化します。「▼」アイコンではなく、スタイル名そのものを選択すると、「スタイルの適用」とある通り、キャレット位置や選択中の文字列のスタイル名を変更します。結果的に選択箇所の見た目が変わりますが、R Markdownから出力し

注51　YAMLフロントマターでauthor: Authorを仮指定したため、著者名が「Author」になっています。

た際には元のスタイル名に従った見た目に戻るので、R Markdownで作業する限り「スタイルの適用」は使いません。

　最後に、これらのスタイルに対する変更は、同じスタイルを利用・継承するすべての要素に反映される点に注意してください[注52]。スタイルは「スタイルの変更」画面の「基準にするスタイル」欄に表示されたスタイルを継承しています。子スタイルは親スタイルを部分的に変更したものと理解できます。子スタイルは子が独自に変更した部分を除いて、親の変更にも影響される点に注意してください。多くのスタイルは「標準」スタイルを継承しているので、フォントを一括変更したい場合などは「標準」スタイルに変更を加えると便利です。

図4.24　Wordの「スタイルウィンドウ」。画面右側にスタイル一覧を表示するには、「ホーム」タブのスタイルの右下にある右下向きの矢印をクリックする

注52　Pandoc's MarkdownのCustom Style機能を用いると、任意箇所に任意のスタイルを適用できます。自作スタイルも定義でき、表現の幅が広がります。https://pandoc.org/MANUAL.html#custom-styles

図4.25　Wordの「スタイルの変更」画面

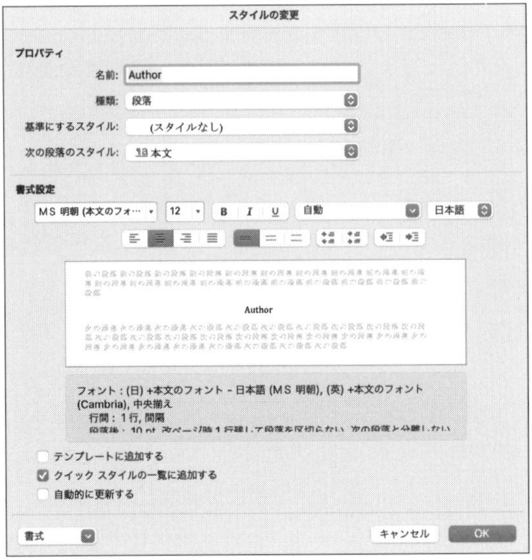

ページサイズなどのレイアウト変更

　ページサイズなどを変更するには「レイアウト」タブを利用します。タブ内にある以下の項目に関して変更を加えられます（図4.26）。

- 文字列の方向
- 余白
- 印刷の向き
- サイズ
- 段組み
- 行番号
- ハイフネーション

　これらの設定はWord文書全体に反映されるので、部分的に段組を変更するといった操作はできません。また、例外的に「区切り」は変更できません。

図**4.26**　「ページレイアウト」タブではページのサイズや余白などの調整ができる

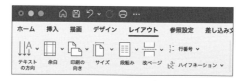

ヘッダー・フッター・ページ番号の挿入

　ヘッダーやフッター、ページ番号を挿入するには「挿入」タブを利用します。やや右側に「ヘッダー」、「フッター」、「ページ番号」といった選択肢があります（図4.27）。

図**4.27**　Wordの「挿入」タブではヘッダーやフッター、ページ番号を設定できる

　ヘッダーとフッターの設定方法についてはMicrosoftの説明を参照してください[注53]。Wordファイルに記入したヘッダーとフッターの内容がそのまま、Rmdファイルから出力するヘッダーとフッターになります。Rmdファイルからヘッダーとフッターの内容を変更するにはWordのカスタムプロパティ機能が必要です[注54]。

　ページ番号の設定方法についてもMicrosoftの説明を参照してください[注55]。ただし、R Markdownでは全ページに対して通し番号でしかページ番号を振れない制限があります。このため、タイトルページはページ番号なし、目次はローマ数字のページ番号、本文はアラビア数字のページ番号などと、文脈に応じた切り替えを実現できない点に注意してください。これはセクション区切りの挿入や、セクションごとのページ番号の設定ができないことに起因します。セクションを利用した操作はWord文書の制作における最終工程として手動で行います。

注53　ヘッダーまたはフッターを挿入する方法：https://support.office.com/ja-jp/article/ヘッダーまたはフッターを挿入する-b87ee4df-abc1-41f8-995b-b39f6d99c7ed

注54　R Markdownが内部で利用しているPandocというドキュメント変換ソフトウェアを直接使う場合に、ヘッダーの内容をYAMLフロントマターなどによって変更する方法は以下で説明しています。https://blog.atusy.net/2021/05/23/pandoc-word-dynamic-header-and-footer/

注55　ページ番号を挿入する方法：https://support.office.com/ja-jp/article/ページ番号を挿入する-9f366518-0500-4b45-903d-987d3827c007

■ 改ページ

　Rmdファイル中に独立した段落として**\newpage**または**\pagebreak**と入力すると、その次の段落から新しいページが始まります。以下に例を示します。

```
---
output: word_document
---


次の段落から新しいページにする。

\newpage

ここから新しいページが始まる。
```

■ Word文書作成の効率化

　R Markdownを使うと分析と文書化を並行できる一方で、**rmarkdown::word_document**関数を用いたWord文書の作成では表現力に限界があります。例えば以下のような表現に難があります。

- 目次の挿入箇所の調整
- ページの回転
- セクション区切り

　基本的にはR Markdown上で実現が難しい問題は、Word文書に出力してからOffice上で調整が必要です。調整に必要な理由が複雑なテンプレートに由来するものであれば、R Markdownから出力しやすいテンプレートへの変更が望ましいと言えます。しかし、残念ながら業務の都合上、テンプレートの変更が叶わない場合もあるでしょう。

　そしてテンプレートに合わて調整しても、社内レビューで指摘を受け、Rmdファイル自体を修正する必要に迫られる場合があります。すると、再出力したWord文書をテンプレートに寄せて調整する手間が再び生じます。同じ**手作業の繰り返し**になるので、うまく再調整の範囲を小さくして作業効率を改善したいところです。

officedown パ ッ ケ ー ジ の **rdocx_document** 関 数 は rmarkdown::word_ document関数を拡張し、この問題を改善します。代表的な追加機能を利用するには特殊なHTMLコメント記述します。

例えば目次を任意の場所に挿入するには、独立した段落に**<!---BLOCK_TOC--->**と記述します（rmarkdown::word_document関数とは異なり、YAMLフロントマターでは**toc: TRUE**を指定しないでください）。これによって、目次の前のページに前書きを簡単に挿入できます。

```
---
title: officedownパッケージを用いたWord文書の作成
output: officedown::rdocx_document
---


前書き

\pagebreak

<!---BLOCK_TOC--->
```

横長の図表を挿入するために一部のページを横向きにしたい場合は、該当する区間を**<!---BLOCK_LANDSCAPE_START--->**と**<!---BLOCK_LANDSCAPE_STOP--->**で挟みます。部分的に横長の図や表を利用したいときに便利です。

```
<!---BLOCK_LANDSCAPE_START--->

{r, echo=FALSE, fig.width=10, fig.height=3}
# 横長のヒストグラム
hist(rnorm(1000))

<!---BLOCK_LANDSCAPE_STOP--->
```

ここで解説した以外に、さらに微調整が必要な場合はofficedownパッケージが内部で利用しているofficerパッケージの利用も検討してみてください。例えばページ番号をタイトルページでは省略、目次ではローマ数字（i、ii……）、以降はローマ数字（1、2……）とする場合、目次の前後でセクションを区切ったうえで、セクションごとにページ番号を設定する必要があります。残念ながら**reference_docx**引数にテンプレートを指定しても、ページ番号はセクションを無視して最

初のページを1ページめとした通し番号になります。それでもRmdファイルの時点でセクションを区切っておけば、Word文書に出力するたびにセクションを切り直す手間を省略し、ページ番号の設定の手間だけで済みます。

　セクション区切りの挿入は**officer::block_section**関数を使います。この関数は**property**引数の指定が必須で、値には**officer::prop_section**関数の実行結果を与えます。**officer::prop_section**関数では次のセクションのページサイズや余白、セクションの開始位置の指定ができます。例えば、改ページしてセクションを区切るには以下を実行します。このチャンクそのものはWord文書に表示する必要がないので、チャンクオプションに**echo=FALSE**を指定してください。

```r
{r, echo=FALSE}
officer::block_section(officer::prop_section(type = "nextPage"))
```

　また、どうしてもRmdファイルでは表現力が乏しく、一部のページをOffice上で記述する必用がある場合、該当ページを別ファイルに分けておき、**officer::block_pour_docx**関数を使ってRmdファイルから出力するWord文書に取り込む方法があります。

```r
{r, echo=FALSE}
block_pour_docx("example.docx")
```

　これらの機能を組み合わせると、非常に複雑な文書作成も現実味を帯びます。例として以下を実現してみましょう。

- 表紙の追加
- 表紙・目次・本文でのセクション区切り

　R Markdown単体では表紙の作成は難易度が高いので、別途表紙だけのページをWordで作成しておきます。ここではファイル名をcover.docxファイルとしています。また、目次を任意箇所に挿入する方法として、HTMLコメントを紹介しましたが、ここでは同等の機能を持つ**officer::block_toc**関数で代替しています。これにより複数の操作を1つのチャンクにまとめています（図4.28）。

図4.28 officedownパッケージとofficerパッケージを用いたWord文書向けRmdファイルの一例。表紙の追加と表紙・目次・本文でのセクション区切りを実現している

```
---
output: officedown::rdocx_document
# titleなどは表紙用docxに含むためYAMLフロントマターから省略
---

{r, echo=FALSE}
# 別ファイルからタイトルページを挿入
officer::block_pour_docx("cover.docx")

# セクション区切り（再利用するため変数化）
section_break <- officer::block_section(
  officer::prop_section(type = "nextPage")
)
section_break

# 目次挿入
officer::block_toc()

# セクション区切り
section_break

本文......
```

あとは ![Knit] を使ってWord文書に変換するだけです。セクション区切りを事前に済ませているので、セクションごとのページ番号の設定などが簡単になります。

officedownパッケージやofficerパッケージには他にもさまざまな機能があります。詳細は公式ドキュメント[注56]の4章「|officedown| for Word」を参照してください。相互参照機能については、次節でbookdownパッケージの例とともに簡単に紹介します。

4-8
相互参照可能なHTML文書やWord文書の作成

図表や式の相互参照を行うにはbookdownパッケージ[注57]やofficedownパッケージが便利です。bookdownパッケージはその名の通り、R Markdownを用いた書籍の執筆を可能にします。同時に、書籍ほどの体裁は不要ながら相互参照を必要

注56 https://ardata-fr.github.io/officeverse/index.html
注57 bookdownパッケージの詳細な解説はYihui Xie著「bookdown: Authoring Books and Technical Documents with R Markdown」を参照してください。https://bookdown.org/yihui/bookdown/

とするユーザー向けに、`bookdown::html_document2`関数や`bookdown::word_document2`関数などを提供しています。これらは`rmarkdown::html_document`関数と`rmarkdown::word_document`関数を拡張したものです。以下のようにYAMLフロントマターに bookdown パッケージ由来のフォーマットを指定するだけで、拡張元のオプション機能（引数）と相互参照を同時に利用できます[注58]。

```
# bookdownパッケージ由来のフォーマットを利用する
output: bookdown::html_document2
```

`officedown::rdocx_document`関数も`rmarkdown::word_document`関数を拡張したもので、相互参照以外にもさまざまな追加機能を提供します（前節の「Word文書作成の効率化」の項を参照してください）。

4-9
図表の相互参照

チャンクで図表を出力し、相互参照する手順は以下の通りです[注59]。bookdown パッケージでも officedown パッケージでも同様の手順です。

1. チャンクにチャンクラベルを付ける
2. 同チャンク内でキャプション付きの図表を作成する
3. 本文から参照する
   - グラフや画像などの図であれば**@ref(fig:チャンクラベル)**と記述
   - 表であれば**@ref(tab:チャンクラベル)**と記述

なお、Visual editor では、**@ref()**と入力すると、参照対象の絞り込み検索が可能になります。Source editor では**@ref()**といった具合に@の前に\が必要な点

[注58] captioner パッケージも相互参照に便利なパッケージの一つです。bookdown パッケージよりも高機能で、任意の要素に対し任意の書式で相互参照できます。一方で操作がやや煩雑です。

[注59] bookdown パッケージでは図表に限らず数式や見出しなどさまざまな要素を相互参照できます。詳細は「bookdown: Authoring Books and Technical Documents with R Markdown」の「Cross-references」の節や、同節中のリンク先を参照してください。https://bookdown.org/yihui/bookdown/cross-references.html

に注意してください。

■ ラベルをFigureから変更

　図表を相互参照する際に使用する、図表番号のラベルは「Figre 1.1」、「Table 1.1」などの英語表記です。これを「図1.1」、「表1.1」などに変更する方法は、bookdownパッケージとofficedownパッケージで異なります。

　bookdownパッケージの場合、Rmdファイルと同じディレクトリに **_bookdown.yml** という名前のYAMLファイルを作成し、以下の内容を記述します[注60]。

```
language:
  label:
    fig: "図"
    tab: "表"
```

　officedownパッケージの場合、YAMLフロントマターで **officedown::rdocx_document** 関数の引数として設定します[注61]。

```
output:
  officedown::rdocx_document:
    plots:
      caption:
        pre: "図"
    tables:
      caption:
        pre: "表"
```

注60　**_bookdown.yml** ファイルはGitBook形式の電子書籍を出力する際のユーザーインターフェースの設定なども行えます。詳細は以下のドキュメントに記述されています。https://bookdown.org/yihui/bookdown/internationalization.html

注61　**officedown::rdocx_document** 関数では図表の体裁やページサイズ、ページ余白などを引数によって設定できます。詳細はヘルプを参照してください（**?officedown::rdocx_document**）。

4-10
その他の形式の文書やスライドを作成する

　R Markdownの魅力の1つにさまざまな形式の文書やスライドを作成できることがあります。rmarkdownパッケージだけでも、本書で紹介したHTML文書やWord文書をはじめ、PDF文書やMarkdown文書、HTMLスライド、PDFスライド、PowerPointスライドなどに対応しています。他にもR Markdownを用いてHTMLダッシュボードを作るflexdashboardパッケージや[62]、ブログを書くblogdownパッケージなど、さまざまな出力形式を提供するパッケージが開発されています。

　特にHTMLに関してはその自由度の高さから、さまざまな出力形式が開発されています。筆者も独自のHTML文書を提供するminidownパッケージを開発しています[63]。`minidown::mini_document`関数はさまざまなCSSフレームワークに対応することで好みの見た目を選びやすくしつつ、`rmarkdown::html_document`関数の機能を軽量に再現することを目標としています。

　ぜひ、さまざまなフォーマットを試して、目的に合致したものを探してみてください。R Markdownの公式サイトでは、サードパーティ製品を含むさまざまな出力形式をまとめているので一読の価値があるでしょう[64]。

4-11
まとめ

　本章ではR Markdownを用いて分析の再現性を向上する方法と文書作成の効率化方法を紹介しました。文書化が目的ではなくても、RStudio上でのチャンクのプレビュー機能が強力なので、普段からコンソール代わりに使っても便利でしょ

注62　https://rmarkdown.rstudio.com/flexdashboard/
注63　https://minidown.atusy.net
注64　https://rmarkdown.rstudio.com/formats.html

う。また、図を描くたびに保存用のファイル名に悩むくらいなら、R Markdown を使って分析結果をすべて1つのHTML文書化にまとめてしまいましょう。考えるべきファイル名はRmdファイルの分だけです。こうしてR Markdownを普段使いすれば、いざ文書作成そのものが目的になってもスムーズに仕事をこなせることでしょう。

参考資料

最後にR Markdownの使い方をさらに学びたい人向けに、文献やWebドキュメントなどの資料を筆者のコメントとともに紹介します。注意点を挙げるとすれば、これらの資料はVisual editorではなくSource editor向けの説明です。Markdown記法やチャンクの書き方については、読み替えるかSource editorに移行するかの選択が必要になりますが、どちらも比較的ローコストに実現できると思います。Web資料はいずれも無料でアクセスできます。また、一部は有志の手による邦訳版が公開されています。

- 書籍
  - 「再現可能性のすゝめ」高橋康介 著, 石田基広 監修, 市川太祐, 高橋康介, 高柳慎一, 福島真太朗, 松浦健太郎 編, 共立出版, 2018年.
    - ・データ解析とレポート作成の再現性を高めるための1冊
- Web
  - R Markdown Cookbook
    原書（英）: https://bookdown.org/yihui/rmarkdown-cookbook/
    訳書（日）: https://gedevan-aleksizde.github.io/rmarkdown-cookbook/
    - ・逆引きでR Markdownで「アレ」をしたいに答える
  - knitr: Rによる美麗で柔軟そして高速な動的レポート生成
    原書（英）: https://yihui.org/knitr/
    訳書（日）: https://gedevan-aleksizde.github.io/knitr-doc-ja/
    - ・チャンクオプションのリファレンスが便利。チャンクの実行を担うknitrパッケージのドキュメント

○ bookdown: Authoring Books and Technical Documents with R Markdown

　　原書（英）：https://bookdown.org/yihui/rmarkdown/

　　・R Markdown で相互参照を利用した文書・書籍を作成する

○ blogdown: Creating Websites with R Markdown

　　原書（英）：https://bookdown.org/yihui/blogdown/

　　・R Markdown でブログやWebページを作成する

○ R Markdown Definitive Guide

　　原書（英）：https://bookdown.org/yihui/rmarkdown/

　　・R Markdown をもっと理解する

Chapter

5

Googleサービスとの
連携

5 - 1
GoogleAPIの利用

　GoogleはBigQueryやGoogleスプレッドシート、Googleアナリティクスなどたくさんのサービスを提供しています。各サービスはAPI（Application Programming Interface）を提供しており、そのAPIを呼び出すことでプログラム上からGoogleのサービスを利用できます。さらにRにはGoogleが提供するAPIを扱いやすくするためのパッケージが数多く存在します。本章では普段の分析業務で活躍しそうなパッケージを紹介していきます。

　本章で紹介するパッケージは現在も開発が進められており、挙動や仕様が変わりやすいことにご注意ください。最新の情報は、章末資料を参照してください。

5 - 2
Google BigQueryの操作（bigrqueryパッケージ）

　ビッグデータという言葉をよく聞くようになりました。ユーザーの行動ログや購買データなどといった膨大な量のデータを業務で扱うことも増えてきています。このようなビッグデータを処理し、分析するのに優れたプロダクトの1つがBigQueryです。BigQueryはGoogleが提供するクラウド型のデータウェアハウスで、ビッグデータに対してSQLを実行することで低コストかつ高速にデータ処理できるため、データウェアハウスとして導入している企業が増えてきています。

　しかし、BigQueryを使ったSQLだけではデータ分析が難しいケースがあります。例えば、データの加工がSQLだけでは完結しない場合やグラフで可視化したい場合、一度CSVファイルやスプレッドシートに出力してからデータを整形するなどの手作業が発生します。bigrqueryパッケージを使うと、このような手作業を自動化できます。作業の効率化かつ手作業によるミスもなくなることから、分析業務に集中でき、結果的に意思決定のスピードが上がるでしょう。

BigQuery APIは以下の3つのレベルで抽象化されています。

1. 低レベルAPI
   ○ 基本的なBigQuery APIをラップして、Rで使いやすくした関数群。他の高レベルAPI (DBIインターフェース/dplyrインターフェース) でできないことも、このAPIで対応できることがある。すべての低レベル関数は**bq_**で始まり、**bq_名詞_動詞()**という形式で命名されている
2. DBIインターフェース
   ○ 低レベルAPIをさらにラップし、MySQLなど他のデータベースのようにRからBigQueryを扱えるようにする。BigQueryでクエリを実行したり、少量データ (100MB以下) をアップロードしたりするのに最適
3. dplyrインターフェース
   ○ SQLを書くことなく、dbplyrを通してデータを操作できるため便利
   BigQueryのテーブルを (メモリに乗る範囲で) データフレームと同様に扱える

今回は以下の理由から、DBIインターフェースを主に扱っていきます。

- SQLに慣れ親しんでいる分析者が多い
- 特にビッグデータを扱うとき、どんなSQLになるかを実行する前に確認することが多い

本書ではSQLについて詳しく解説しません。BigQuery公式ページ[注1]やご自身に合った書籍を参照してください。

▌BigQueryの課金体系

BigQueryの課金体系は、分析料金とストレージ料金の2つに分類されます。分析料金はクエリ実行時にスキャンされるデータ量に対して、ストレージ料金はBigQueryに保存するデータ量に対してかかる費用です。いずれも無料枠があり、分析料金では毎月1TBまで無料、ストレージ料金は毎月10GBまで無料で提供されています (2021年12月執筆時点)。

注1　標準SQLのクエリ構文 https://cloud.google.com/bigquery/docs/reference/standard-sql/query-syntax?hl=ja

　本章においては無料枠に収まるように記載しておりますが、大量のデータを読み込むようなSQLを実行したり、SQLの実行回数が多くなったりすると、ご自身のアカウントに課金される可能性がありますのでご注意ください。詳しくは「BigQueryの料金」ページを参照してください[注2]。

インストールと認証方法

　それではbigrqueryパッケージをインストールし、ロードします。

```
install.packages("bigrquery")
library(bigrquery)
```

　続いてBigQuery APIを使用するため、Google Cloud Platform（GCP）[注3]で認証のための設定を行います。

インタラクティブな認証方法

　まずはGCPにサインインし、プロジェクトを作成しておきます。その際、あとで使用するのでプロジェクトIDを控えておきます。ここで**bq-auth**関数を実行してみましょう。bigrqueryパッケージの認証が必要な関数をはじめて実行するとWebブラウザが開き、Googleアカウントへのログインやパッケージ経由でBigQueryを操作するための許可を求められます（図5.1）。

```
bq_auth()
```

注2　BigQuery の料金 https://cloud.google.com/bigquery/pricing/?hl=ja
注3　Google がクラウド上で提供するサービス群。BigQuery も GCP 上で提供されているサービスの1つです。

図5.1 Tidyverse API Packagesへの権限付与の確認

　もしhttpuvパッケージがない場合は、帯域外認証が必要と判断されます。以下のようにインストールを促されるので、帯域外認証が必要ない場合はYesを選択してください注4。

```
The httpuv package enables a nicer Google auth experience, in many cases.
It doesn't seem to be installed.
Would you like to install it now?

1: Yes
2: No

Selection: 1
```

注4　RStudio ServerなどブラウザでRを操作している場合は帯域外認証が必要になります。利用される場合は以下の公式ドキュメントを参照してください。 https://gargle.r-lib.org/articles/auth-from-web.html

非インタラクティブな認証方法

　Webブラウザ上で認証を行わずRスクリプトのみで済ませたい場合は、サービスアカウントトークンを使用します。サービスアカウントとはユーザーではなくアプリケーションなどで使用されるアカウントで、承認されたAPI呼び出しをアプリケーションから呼び出すことができるようになります。以下のような手順をとります。

1. GCPにサインインし、プロジェクトを作成する（プロジェクトIDを控えておく）
2. GCPコンソールの左メニューから「IAMと管理」→「サービスアカウント」を選択し、認証情報ページへ遷移する
3. 「＋サービスアカウントを作成」をクリックする
4. サービスアカウント名に任意の名前を入力し、「作成して続行」ボタンをクリックする
5. 「ロール選択」から、「BigQuery ジョブユーザー」、「Bigquery データ編集者」のロールを追加し「完了」ボタンを押す
6. 作成されたサービスアカウントの「操作」から「鍵を管理」を選択する
7. 「鍵を追加」から「新しい鍵を作成」を選択する
8. キーのタイプに「JSON」を選択し作成ボタンをクリックする
9. 適当なディレクトリにダウンロードして保存する
10. ダウンロードしたファイル（ここでは/path/to/service_account.jsonとします）のパスを引数に指定し、**bq_auth**関数を実行して認証を行う

```
bq_auth(path = "/path/to/service_account.json")
```

　bq_auth関数実行後は、Webブラウザでの認証を行わず各関数を実行できるようになります。

▌基本操作

　bigrqueryパッケージで基本的なBigQueryの操作をしてみましょう。今回は主にデータの参照方法について解説します。

テーブル一覧の表示

　試しにGoogleが用意しているサンプルデータセットを確認してみましょう。

publicdataプロジェクトのsamplesデータセット配下にあるテーブルを列挙して
みます。bigquery関数でDBIドライバーを作成し、DBI::dbConnect関数で
DBMSへのコネクションを作成しましょう。

```
con <- DBI::dbConnect(
  bigquery(),
  project = "publicdata",
  dataset = "samples",
  billing = "プロジェクトID"
)

DBI::dbListTables(con)
```

```
[1] "github_nested"  "github_timeline"  "gsod"  "natality"
[5] "shakespeare"  "trigrams"  "wikipedia"
```

テーブル情報の確認

テーブルにどんなカラムがあるかを確認してみましょう。DBI::dbListFields
関数を使用します。

```
DBI::dbListFields(con, "gsod")
```

```
 [1] "station_number"                    "wban_number"
 [3] "year"                              "month"
 [5] "day"                              "mean_temp"
 [7] "num_mean_temp_samples"            "mean_dew_point"
 [9] "num_mean_dew_point_samples"       "mean_sealevel_pressure"
[11] "num_mean_sealevel_pressure_samples" "mean_station_pressure"
[13] "num_mean_station_pressure_samples" "mean_visibility"
[15] "num_mean_visibility_samples"      "mean_wind_speed"
[17] "num_mean_wind_speed_samples"      "max_sustained_wind_speed"
[19] "max_gust_wind_speed"              "max_temperature"
[21] "max_temperature_explicit"         "min_temperature"
[23] "min_temperature_explicit"         "total_precipitation"
[25] "snow_depth"                       "fog"
[27] "rain"                            "snow"
[29] "hail"                            "thunder"
[31] "tornado"
```

どれくらいのデータが読み込まれるか確認

　bq_perform_query_dry_run関数でどのくらいのデータが読み込まれるか、また、SQL構文が間違っていないかを確認することができます。

```
sql <- paste(
  "SELECT year, month, day, mean_temp",
  "FROM publicdata.samples.gsod",
  "LIMIT 100"
)
billing <- "プロジェクトID"

bq_perform_query_dry_run(
  sql,
  billing
)
```

　dry runを実行するには **bigquery.jobs.create** 権限が必要です[注5]。
　サービスアカウントキー作成のときに「BigQuery ジョブユーザー」などのロールを付与するようにしましょう。

クエリの発行

　SELECT文を発行するときは**DBI::dbGetQuery**関数を使用します。

```
# 実行したいSQL文
sql <- paste(
  "SELECT year, month, day, mean_temp",
  "FROM publicdata.samples.gsod",
  "LIMIT 100"
)

# SQL文の実行
DBI::dbGetQuery(con, sql)
```

```
Complete
Billed: 3.66 GB
Downloading first chunk of data.
First chunk includes all requested rows.
# A tibble: 100 × 4
    year month   day mean_temp
```

注5　クエリのドライランの実行 https://cloud.google.com/bigquery/docs/dry-run-queries#permissions_required

```
    <int> <int> <int>      <dbl>
 1   1929    11    30       48.7
 2   1929    11    21       52
 3   1929    12    12       42.3
 4   1929    12    20       42.8
 5   1929    10    11       51.8
 6   1929    10    17       54.8
 7   1929     8    24       62
 8   1929    12    13       48.3
 9   1929    11    16       34.2
10   1929    10    22       47.7
# … with 90 more rows
```

　RからBigQueryを操作することで、WebブラウザからCSVをダウンロードするといった作業を省略し、効率的なデータ分析を目指しましょう。

---

5 - 3
Google ドライブの操作

　CSVや画像などのファイルを共有するとき、Google ドライブが便利です。Google ドライブ上でデータを共有して分析する場合、いちいちマウス操作でブラウザを開き、RStudioにファイルを読み込み、データを操作してから、ドライブにアップロードするという一連の作業が考えられます。これではブラウザとRStudioの行き来が発生し不便です。そこでRからGoogle ドライブを操作し、これらの手間を省いてしまいましょう。

■ インストールと認証方法

　以下のスクリプトでgoogledriveパッケージをインストールし、ロードします。

```
install.packages("googledrive")
library(googledrive)
```

インタラクティブな認証方法

　デフォルトでは、認証が必要なgoogledriveパッケージの関数を最初に実行したときにWebブラウザが開き、Googleアカウントへのログインとパッケージ経由でGoogleドライブを操作するための許可を求められます。

　試しに**drive_find**関数を実行してみます。

```
drive_find(n_max = 5)
```

　初回はブラウザが開き、Tidyverse API Packagesへの権限付与の確認が行われます（図5.2）。認証したいアカウントを選び、一番下のGoogleドライブの操作を許可するにチェックを入れて認証を済ませます。

図5.2　Tidyverse API Packagesへの権限付与の確認

　認証情報はキャッシュされ、必要に応じて更新されます。

非インタラクティブな認証方法

Webブラウザによる認証工程を省略し、すべてRスクリプトで認証を済ませるにはBigQueryと同様にサービスアカウントキーを使用します。以下の手順にそってキーを作成してRスクリプトを実行します。

1. GCPにサインインし、プロジェクトを作成する
2. ナビゲーションメニューの「APIとサービス」→「ライブラリ」へ遷移し「Google Drive API」を検索
3. Google Drive APIを有効にする（図5.3）
4. ナビゲーションメニューの「APIとサービス」→「認証情報」からサービスアカウント管理ページへ遷移する
5. サービスアカウントを作成し、サービスアカウントキーをJSON形式で作成し保存する
6. 5でダウンロードしたファイル（ここでは仮に/path/to/service_account.jsonとします）を引数に指定し、**drive_auth**関数を実行して認証を行う

```
drive_auth(path = "/path/to/service_account.json")
```

図5.3 Google Drive APIの有効化

ここで認証を行ったユーザーを確認します。

```
drive_user()
```

```
Logged in as:
• displayName: rbook-googledrive@refficientbook.iam.gserviceaccount.com
• emailAddress: rbook-googledrive@refficientbook.iam.gserviceaccount.com
```

rbook-googledrive@... というメールアドレスでログインしていることがわかります。例えば今回、**example@gmail.com**アカウントのGoogle ドライブのフォ

ルダやスプレッドシートを操作したい場合、あらかじめWebブラウザから **rbook-googledrive@...**アカウントとフォルダ共有しておきます。

　サービスアカウントキーを使う認証方法はフォルダの共有をする必要があり少し面倒だとも思われますが、Webブラウザでの認証を行わずに各関数を実行できる点は便利です。

　サービスアカウントキーを使った**drive_auth**関数での認証後は、Webブラウザでの認証を行わず各関数を実行できるようになります。

▍基本操作

一覧表示

　googledriveパッケージの関数は自動補完しやすいよう、ほとんどが**drive_**から始まります。まずはGoogleドライブの中身を一覧で表示してみましょう。あらかじめ **test_project/csv_files/** ディレクトリにtest1〜3という名前のCSVファイルを作成しています。

　n_max引数で最大取得件数を設定できます。

```
drive_find(n_max = 5)
```

```
# A dribble: 5 x 3
   name          id                                drive_⧉
resource
   <chr>         <drv_id>                          <list>
 1 test3.csv     1U6JbIel032UzqttF8ZwzosVR4erxS5_e  <named ⧉
list [39]>
 2 test2.csv     10t2bnwfvJecSHNA_HKeQQkHDzXBShTok  <named ⧉
list [39]>
 3 test1.csv     1UEOiwcNqq_iXn7nwWWPOC00E43vZXB2g  <named ⧉
list [39]>
 4 csv_files     105zMnWOxr86Qx8D4LVdLJC_ND91cjT3Q  <named ⧉
list [33]>
 5 test_project  1352ytbwk1FfFnCMpBHKBQGaK1kmzGw1W  <named ⧉
list [33]>
```

　name、**id**、**drive_resource** といった要素を含むファイルや共有ドライブの

メタデータが含まれる dribble オブジェクト[注6]が返却されます。

　結果を見ると、ディレクトリが CSV ファイルと同様に1行分のデータとして扱われています。CSV ファイルのみに結果を絞るため少し工夫してみましょう。

　ファイルの名前や拡張子などで検索したい場合は **pattern** 引数に正規表現で文字列を指定します。正規表現についてはヘルプを参照してください（**?base::regex**）。

```
drive_find(pattern = "\\.csv$")
```

```
# A dribble: 3 × 3
  name      id                                drive_resource
  <chr>     <drv_id>                          <list>
1 test3.csv 17drTVB4Ngebc74DNZrjr76yO4vh5-iMw <named list [39]>
2 test2.csv 18f44DRAxu9Y_BqfNyO8V4GWi-xoda5Jr <named list [39]>
3 test1.csv 1u_MCjaLPO46lmg3NNpI_tOL1ncN4gl7Z <named list [39]>
```

　また、**type** 引数を指定することでファイル拡張子や MIME タイプ[注7]を指定してファイルを絞り込むことも可能です。

```
drive_find(type = "csv")
```

```
# A dribble: 3 × 3
  name      id                                drive_resource
  <chr>     <drv_id>                          <list>
1 test3.csv 17drTVB4Ngebc74DNZrjr76yO4vh5-iMw <named list [39]>
2 test2.csv 18f44DRAxu9Y_BqfNyO8V4GWi-xoda5Jr <named list [39]>
3 test1.csv 1u_MCjaLPO46lmg3NNpI_tOL1ncN4gl7Z <named list [39]>
```

　特定のディレクトリ配下にあるものを表示したい場合は **drive_ls** 関数を使用します。子階層のファイル・フォルダ情報も再帰的に表示する場合は **recursive = TRUE** を設定します。

```
drive_ls(path = "test_project")
```

```
# A dribble: 1 × 3
  name      id                                drive_resource
  <chr>     <drv_id>                          <list>
```

注6　googledrive パッケージはドライブ上のファイルや共有ドライブのメタデータを dribble オブジェクトとして保持します。詳しい仕様に関しては公式の資料などを参照してください。https://googledrive.tidyverse.org/reference/dribble.html

注7　インターネット上でやりとりされるコンテンツの形式を表した識別子です。例えばテキストファイルであれば **text/plain** のように表現されます。

```
1 csv_files 17ltumniJVru-phgfHONeqjBJecZg-u9u <named list [33]>
```

ファイル情報の取得

　pathまたは**id**引数を指定して、パスやID情報で特定のファイルやフォルダ情報を取得します。

```
drive_get(path = "test_project/csv_files/test1.csv")
```

```
# A dribble: 1 × 4
  name      path                              id                  🔽
drive_resource
  <chr>     <chr>                             <drv_id>            🔽
<list>
1 test1.csv ~/test_project/csv_files/test1.csv 1u_MCjaLPO46lmg3NNpI_🔽
tOL1ncN4gl7Z <named list [39]>
```

フォルダ作成

　フォルダを作成するときは**drive_mkdir**関数を使用します。Google ドライブは同じ階層に同じ名前のファイルやフォルダを複数作成できます。上書きしたい場合は**overwrite**引数を **TRUE**、上書きせずエラーを返したい場合は **FALSE**、同じ名前で複数作成したい場合は **NA**(デフォルト) を指定します。

```
drive_mkdir("dest", path="test_project", overwrite = TRUE)
```

```
Created Drive file:
• dest <id: 1o97JjBghdNQzhP8T10aPUrhRIL8CJiy8>
With MIME type:
• application/vnd.google-apps.folder
```

ファイルのコピー／移動

　ファイルをコピーするときは**drive_cp**関数を使用します。第一引数に指定するのはファイルパス、ファイルID、あるいは dribble オブジェクトです。ファイルIDは dribble オブジェクトの**id**から取得できます。

```
drive_cp(
  "test_project/csv_files/test1.csv", # コピー元ファイル
  path = "test_project/csv_files/",   # コピー先パス
  name = "test4.csv"
)
```

```
Original file:
• test1.csv <id: 1u_MCjaLPO46lmg3NNpI_tOL1ncN4gl7Z>
Copied to file:
• csv_files/test4.csv <id: 14P38YvFeTfeSeulGfIVOd_I26GDpZbXK>
```

ファイルを移動させるときは**drive_mv**関数を使います。

```
drive_mv(
  "test_project/csv_files/test4.csv",
  path = "test_project/dest/"
)
```

```
Original file:
• test4.csv <id: 14P38YvFeTfeSeulGfIVOd_I26GDpZbXK>
Has been moved:
• dest/test4.csv <id: 14P38YvFeTfeSeulGfIVOd_I26GDpZbXK>
```

drive_cp関数と**drive_mv**関数のどちらも上書きオプションの**overwrite**引数を指定できます。

ファイルのアップロード

CSVや画像のようなファイルをGoogleドライブにアップロードするには**drive_upload**関数を使用します。第一引数はアップロードするファイルのパスを指定します。

type引数でファイルのMIMEタイプを変更できます。サンプルコードではCSVファイルに対して**spreadsheet**を指定してアップロードしています。Googleドキュメントは**document**、Google Sheetsは**spreadsheet**、Google Slidesは**presentation**で指定できます。

```
# CSVファイルを作成
readr::write_csv(CO2, "CO2.csv")
```

```
# test_project配下にspreadsheetsディレクトリを作成
drive_mkdir("spreadsheets", path = "test_project")

# CSVをアップロード
drive_upload(
  "CO2.csv",
  path = "test_project/spreadsheets",
  name = "CO2",
  type = "spreadsheet"
)
```

```
Local file:
• CO2.csv
Uploaded into Drive file:
• CO2 <id: 1SiOYtMsZScMv3_su7LXD2LTvIaizakK8MOihWDMyQA8>
With MIME type:
• application/vnd.google-apps.spreadsheet
```

ファイルのダウンロード

　Google ドライブからファイルをダウンロードするには**drive_download**関数を使用します。第一引数に指定するのはファイルパス・ファイル ID・あるいはdribbleオブジェクトです。**path**引数には出力先のパスを指定します。

```
drive_download(
  "CO2",
  path = "output.csv",
  overwrite = TRUE
)
```

```
File downloaded:
• CO2 <id: 1SiOYtMsZScMv3_su7LXD2LTvIaizakK8MOihWDMyQA8>
Saved locally as:
• output.csv
```

ファイルのシェア

　まずは閲覧権限の確認をしてみましょう。**drive_reveal**関数は権限だけでなく MIME タイプなどさまざまなファイルの情報を確認できます。

```
library(magrittr)

test1_csv <- drive_get(path = "test_project/csv_files/test1.csv")
test1_csv %>% drive_reveal("permissions")
```

```
# A dribble: 1 × 6
  name       shared path  id    drive_resource permissions_res…
  <chr>      <lgl>  <chr> <drv> <list>         <list>
1 test1.csv FALSE  ~/te… 1MoJ… <named list [… <named list [2]>
```

sharedがFALSEになっているので誰にもシェアされていない状態です。

次にファイルを閲覧権限付きで全公開します。権限を調整するにはdrive_
share関数を使用します。

```
test1_csv <- test1_csv %>%
  drive_share(
    type = "anyone",  # 権限を付与する対象
    role = "reader",  # 付与する権限
  )
```

```
Permissions updated:
• role = reader
• type = anyone
For file:
• test1.csv <id: 1u_MCjaLP046lmg3NNpI_t0L1ncN4gl7Z>
```

もう一度ファイルの権限を確認してみましょう。

```
test1_csv %>%
  drive_reveal("permissions") %>%
  dplyr::select(shared)
```

```
# A tibble: 1 × 1
  shared
  <lgl>
1 TRUE
```

sharedがTRUEになっていることが確認できます。引数はtype = "anyone"、
role = readerとしました。typeで「誰に権限を付与するか」、roleで「どんな
権限を付与するか」を指定します。type引数に指定できるものに以下があります。

- user：特定の個人が対象
- group：グループが対象
- domain：Google Workspaceドメインのメンバー全員が対象
- anyone：リンクを知っている全員が対象

typeがuserとgroupの場合、emailAddress引数を設定する必要があります。またdomainを指定した場合はdomain引数を設定します。role引数に関してはowner、writer、commenter、readerなどの値を指定できます。ここではそれぞれの権限に関する記述は割愛します。Google Drive for Developersのドキュメント[注8]に詳しく記載されていますので、そちらを参照してください。

ファイル削除

drive_rm関数を使用して、ドライブ上のファイルやフォルダ名、ID、dribbleオブジェクトを指定して削除します。

```
# dribbleオブジェクトで指定
test2_csv <- drive_get("test_project/csv_files/test2.csv")
drive_rm(test2_csv)

# ファイル名で指定
drive_rm(name = "test3.csv")

# パスで指定
drive_rm(path = "test_project/dest/test4.csv")
```

5-4
Google スプレッドシートの操作

データを手元で気軽に集計し、複数人で共有できるため、Google スプレッドシートはデータ分析やその他の幅広い業務で非常に役に立ちます。とくにRで分析した結果をスプレッドシートに記載したい場合や定期的に情報を更新するような場

注8 「Drive API（V3）」の「Roles」https://developers.google.com/drive/api/v3/ref-roles

合は、Rを用いて直接スプレッドシートに書き込めると業務が捗ります。また
Google スプレッドシートに貯めている情報をRから直接取得することも可能です。
Google ドライブと同様に毎回ブラウザを開いて操作するのではなく、Rから行
うことで業務を効率化していきましょう。

■ インストールと認証方法

Sheet APIはファイルの一覧や削除といったファイル自体の操作をほぼサポー
トしていません。そういった操作をするためにはDrive APIを使用する必要があ
ります。そのため、Rから操作する際もgooglesheets4パッケージとgoogledriveパッ
ケージを併用するのが一般的な使い方です。

```
install.packages("googledrive")
install.packages("googlesheets4")

library(googledrive)
library(googlesheets4)
```

インタラクティブな認証方法

最初にgoogledriveパッケージで認証し、そのトークンを用いてgooglesheets4
パッケージで認証しましょう。初回はWebブラウザが表示され、Googleアカウ
ントへのログインとパッケージ経由でGoogleスプレッドシートを操作するための
許可を求められます。一番下の項目にチェックを入れて認証を済ませます。以降
は認証情報がキャッシュされ、必要に応じて更新されます。

```
drive_auth()
gs4_auth(token = drive_token())
```

非インタラクティブな認証方法

Webブラウザによる認証の工程を省略し、Rスクリプトで認証を済ませるため
にはBigQueryやGoogle ドライブと同様にサービスアカウントキーを使用します。
以下の手順にそってキーを作成してRスクリプトを実行します。

1. GCP にサインインし、プロジェクトを作成する
2. ナビゲーションメニューの「API とサービス」→「ライブラリ」へ遷移し「Google Sheets API」を検索
3. Google Sheets API を有効にする（図 5.4）
4. 同様に「Google Drive API」を検索し有効にする（スプレッドシートの一覧を取得するためなどに必要）
5. ナビゲーションメニューの「API とサービス」→「認証情報」からサービスアカウント管理ページへ遷移する
6. サービスアカウントを作成し、サービスアカウントキーを JSON 形式で作成して保存する
7. 6 でダウンロードしたファイル（ここでは仮に /path/to/service_account.json とします）を引数に指定し、**drive_auth** と **gs4_auth** 関数を実行して認証を行う

```
key_path <- "/path/to/service_account.json"
drive_auth(path = key_path)
gs4_auth(path = key_path)
```

図 5.4　Google Sheets API の有効化

ここで認証を行ったユーザーを確認します。

```
gs4_user()
```

```
i Logged in to googlesheets4 as rbook-spreadsheet@refficientbook.iam.
gserviceaccount.com.
```

rbook-spreadsheet@... というメールアドレスでログインしていることがわかります。例えば今回 example@gmail.com アカウントの Google ドライブのフォルダやスプレッドシートを操作したい場合、あらかじめ **rbook-spreadsheet@...** アカウントとフォルダ共有しておきます。

　Google ドライブと同様、サービスアカウントキーを使う認証方法はフォルダ
の共有をする必要があり少し面倒だとも思われますが、Web ブラウザでの認証を
行わずに各関数を実行できる点は便利です。

▌ 基本操作

　googlesheets4 パッケージの関数は、「シート自体」「ワークシート」「セル」とど
の情報を得たいかによって呼び出す関数の接頭辞が違うため、直感的にわかりや
すくなっています。

- **gs4_**：googlesheets4 パッケージ、Google Sheets API の v4、またはシート自
  体への操作
- **sheet_**：ワークシート群に関する操作
- **range_**：セルの範囲に関する操作

それぞれどのように使用するか見ていきましょう。

スプレッドシートの一覧表示

　Google ドライブ上にあるスプレッドシートを一覧で表示します。

```
gs4_find(n_max = 30)
```

　内部で **drive_find** 関数が呼ばれているため、**type** を除く引数を同様に指定で
きます（**type** 引数は「spreadsheet」で固定されています）。例えば **pattern** 引数
を設定すると、その正規表現に一致するファイル名のシートが返却されます。

```
gs4_find(pattern = 'CO2')
```

```
# A dribble: 1 × 3
  name  id                                      drive_resource
  <chr> <drv_id>                                <list>
1 CO2   1SiOYtMsZScMv3_su7LXD2LTvIaizakK8MOihWDMyQA8 <named list [37]>
```

スプレッドシートの情報を取得

　gs4_get 関数で特定のスプレッドシートを指定し、スプレッドシートのメタデー

タを見てみましょう。

```
ss_list <- gs4_find(pattern = "CO2")
gs4_get(ss_list[1,])
```

```
Spreadsheet name: CO2
              ID: 1SiOYtMsZScMv3_su7LXD2LTvIaizakK8MOihWDMyQA8
          Locale: ja_JP
      Time zone: America/Los_Angeles
    # of sheets: 1

(Sheet name): (Nominal extent in rows x columns)
     CO2.csv: 1000 x 26
```

名前（Spreadsheet name）がCO2、IDが**1S;0Y...**のスプレッドシートを取得できました。

gs4_get関数の引数にはシートID、URLなども指定できます。

```
# シートIDを指定
gs4_get("1SiOYtMsZScMv3_su7LXD2LTvIaizakK8MOihWDMyQA8")

# URLを指定
# file.path関数でURLを組み立てる
url <- file.path(
  "https://docs.google.com",
  "spreadsheets/d/1SiOYtMsZScMv3_su7LXD2LTvIaizakK8MOihWDMyQA8"
)
gs4_get(url)
```

スプレッドシートの内容を取得

シートの内容は**read_sheet**関数で取得します。**range**引数で読み込みの範囲指定、**sheet**引数でどのシートを参照するかを指定できます。

```
ss <- gs4_get("1SiOYtMsZScMv3_su7LXD2LTvIaizakK8MOihWDMyQA8")
read_sheet(ss, range = "A1:C7", sheet = 1)
```

他にも以下のような引数を設定できます。

- **skip**：最低いくつの行をスキップするか

- n_max：最大何件データを取得してくるか
- col_types：カラムの型
- col_names：論理型。TRUEであればシートの最初の行をカラム名として使う
- guess_max：型推測に使用するデータの最大行数

執筆時点では、**col_type**引数には以下の型を指定できます。

- _または-：データフレームにする際に列を省く
- ?：型推測を行う
- l：論理型 (logical)
- i：整数型 (integer)
- dまたはn：数値型 (double)
- D：Date型 (セルには日付のシリアル値が入っているため、型推測でこの型が得られることはない)
- T：Datetime型 (POSIXct)
- c：文字型 (Character)

col_type引数を指定する例を見てみましょう。以下のシート内には4つの列があります。**col_type**引数で左から「文字型」「文字型」「文字型」「型推測」「型推測」で読み込み時の型を指定します。他に**skip**、**col_names**と**n_max**引数も一緒に指定します。

- **skip**引数で最初の5行を飛ばして取得
- **col_names**引数で1行めをカラム名として使わないように設定
- **n_max**引数で最大10件取得

```
read_sheet(
  ss, skip = 5, col_names = FALSE, n_max = 10, col_types = "ccc??"
)
```

```
# A tibble: 10 × 5
   ...1  ...2    ...3           ...4  ...5
   <chr> <chr>   <chr>          <dbl> <dbl>
 1 Qn1   Quebec  nonchilled     500   35.3
 2 Qn1   Quebec  nonchilled     675   39.2
 3 Qn1   Quebec  nonchilled     1000  39.7
```

```
 4 Qn2    Quebec nonchilled     95  13.6
 5 Qn2    Quebec nonchilled    175  27.3
 6 Qn2    Quebec nonchilled    250  37.1
 7 Qn2    Quebec nonchilled    350  41.8
 8 Qn2    Quebec nonchilled    500  40.6
 9 Qn2    Quebec nonchilled    675  41.4
10 Qn2    Quebec nonchilled   1000  44.3
```

　型推測された列は「double」として推測され、それぞれ「文字型」「文字型」「文字型」「数値型」「数値型」型で読み込まれました。因子型 (factor) はまだ実装されていません。どうしても因子型にしたい場合は取得したあとに変換します。

```
ws <- read_sheet(ss, n_max = 5, col_types = "ccc??")
ws %>% dplyr::mutate(Treatment = factor(Treatment))
```

```
# A tibble: 5 × 5
  Plant Type   Treatment   conc uptake
  <chr> <chr>  <fct>      <dbl>  <dbl>
1 Qn1   Quebec nonchilled    95   16
2 Qn1   Quebec nonchilled   175   30.4
3 Qn1   Quebec nonchilled   250   34.8
4 Qn1   Quebec nonchilled   350   37.2
5 Qn1   Quebec nonchilled   500   35.3
```

新しいスプレッドシートの作成

　シートを新たに作成するには**gs4_create**関数を使用します。**sheets**引数にはワークシートの名前を指定し、何も指定しなかった場合は「シート1」という名前で自動的にワークシートが作成されます。

```
ss <- gs4_create("new_sheet_name", sheets = c("worksheet1", "worksheet2"))
```

ワークシートの追加/削除

　ワークシートを追加したい場合は**sheet_add**関数を使用します。特定の箇所にワークシートを差し込みたい場合は**.after**または**.before**引数で前後のワークシート名を指定しましょう。

```
sheet_add(ss, sheet = "worksheet3", .after = "worksheet2")
```

　先ほど追加したワークシートを削除するには、以下のように**sheet_delete**関

数を実行します。

```
sheet_delete(ss, sheet = 'worksheet3')
```

シートへの書き込み

　ワークシートに書き込むには**write_sheet**関数を使用します。実際にWeb上でスプレッドシートを開いてみるとワークシートの1行めから書き込まれていることが確認できます（図5.5）。

```
write_sheet(
  iris,                   # 書き込みたいデータフレーム
  ss = ss,                # 書き込むスプレッドシート
  sheet = 'worksheet1'    # 書き込むワークシート名
)
```

図5.5　write_sheet関数によるシートへの書き込み

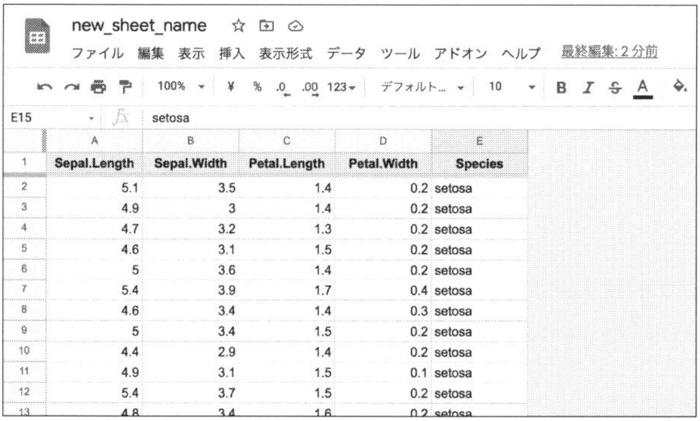

　ワークシートの特定のセル範囲に書き込みたいときは**range_write**関数を実行します（図5.6）。

```
range_write(
  ss,                         # 書き込むスプレッドシート
  iris[1:5,],                 # 書き込みたいデータフレーム
  sheet = "worksheet2",       # 書き込むワークシート
  range = "worksheet2!A5:E10", # セルの範囲
  col_names = TRUE            # データフレームのカラム名を送信するか
)
```

図5.6　`range_write`関数による特定セル範囲への書き込み

	A	B	C	D	E	F
1						
2						
3						
4						
5	Sepal.Length	Sepal.Width	Petal.Length	Petal.Width	Species	
6	5.1	3.5	1.4	0.2	setosa	
7	4.9	3	1.4	0.2	setosa	
8	4.7	3.2	1.3	0.2	setosa	
9	4.6	3.1	1.5	0.2	setosa	
10	5	3.6	1.4	0.2	setosa	
11						
12						
13						

googlesheets4パッケージの利用例

ここでは本節の演習として、Twitterで特定のハッシュタグがついたツイート数を確認してみます。IFTTTというWebサービスを簡単に連携できるサービスを一緒に使います。IFTTTでTwitterとスプレッドシートを連携してTwitterの特定のハッシュタグがついたツイートを集め、Rでそのデータを読み込み、1日にどのくらいツイートされているか可視化してみましょう。

IFTTTでスプレッドシートにツイートを書き込む

1. IFTTTにサインアップ／ログイン（https://ifttt.com/）
2. 検索から「Track #hashtag mentions in a Google Spreadsheet」というConnectionを探し、Connectを押下する
3. 追跡したいハッシュタグを「Search for」に、保存したいスプレッドシート名を「Spreadsheet name」に指定する（特定のフォルダに入れたい場合は「Drive folder path」にパスを記載する）
4. 取得したいパラメータを「Formatted row」に記載する
   `{{CreatedAt}}`は「December 10, 2019 at 11:02AM」と扱いづらい形式
   今回は日付ごとのツイート数を可視化したいので、「2019年12月10日」という形で保存されるように、以下を「Formatted row」に追記
   `||| =GOOGLETRANSLATE(left("{{CreatedAt}}",find(" at ","{{CreatedAt}}")),"en","ja")`

Rでスプレッドシートからデータを取得

IFTTTでスプレッドシートに書き込んだデータをRで読み込み、日ごとのツイー

ト数をプロットします（図5.7）。

```
library(ggplot2)

# データを保存しているシートを読み込む
tweets_ss <- gs4_find(pattern = "tweets")
tweets <- read_sheet(tweets_ss, sheet = 1)

# 棒グラフで日毎のtweet数をプロットする
ggplot(tweets, aes(x = date)) +
  geom_bar() +

# macOSで日本語を正常に表示するための設定
  theme_gray(base_family = "HiraKakuPro-W3") +
  theme(axis.text.x = element_text(angle = 90, hjust = 1))
```

図 5.7　日ごとのツイート数のプロット

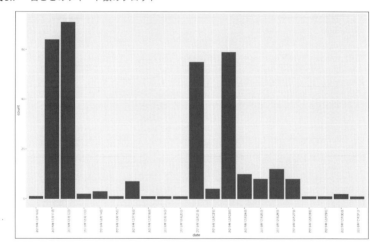

　日時でツイート数を計測してその結果を可視化することや、応用としては特定のイベントのハッシュタグがついたツイートを用いてネガポジ判定をするなどの活用も考えられます。

5-5
まとめ

　本章では多くの人が日常でよく使うGoogleのサービスをRから使用するためのパッケージを紹介しました。今回は紹介していませんが、Gmailを操作する**gmailr**パッケージやGoogle アナリティクスを扱う**googleAnalyticsR**パッケージなど、他にもGoogleが提供するサービスを扱えるパッケージがあります。興味がある方は以下のURLを参考にしてください。

- gmailr https://github.com/r-lib/gmailr
- googleAnalyticsR https://code.markedmondson.me/googleAnalyticsR/

参考文献

- bigrquery https://bigrquery.r-dbi.org/index.html
- googledeive https://googledrive.tidyverse.org/
- googlesheets4 https://googlesheets4.tidyverse.org/

Chapter

6

Web 上のデータ取得と Web ブラウザの操作

6-1
スクレイピングの必要性と基礎知識

　分析に使用したいデータが必ずしも自分の手元にあるわけではありません。ときにはWeb上に点在する情報が必要になる場合もあります。本章ではWeb上にあるデータを取得し、扱いやすいように加工するまでの一連の流れや注意点などを解説していきます。

■ なぜRでスクレイピングをするのか

　Web上のデータを取得するときに、各サービスが提供するWeb API（Application Programming Interface）があればそれを利用することもできますが、APIがなければスクレイピングすることになります。Webサイトによっては、取得したいデータが何ページにもわたって記録されていることもあり、手作業で何十回、何百回とコピー&ペーストを繰り返すのは非常に時間がかかり大変です。Rを用いると驚くほど簡単にWebから情報を取得できます。Rを使って手動の煩雑さを解消し、さらに何度でも実行できるよう自動化していきましょう。

■ スクレイピングのためのWeb知識

　スクレイピングはWebサイトのコンテンツから必要なデータを抜き出す技術です。個々の情報を取得するにはWebサイトがどのような要素で作られているかを知る必要があります。まずはHTMLやCSSなどのスクレイピングする際に必要なWebの知識を簡単に確認していきましょう。スクレイピングを行うための基礎的な知識なので知っている方はおさらいとしてお読みください。

HTML

　HTMLはマークアップ言語と呼ばれるWebページの構造を決定するための言語です。どのような要素なのかを表すタグで文字などを囲みます。
　HTMLの基本構造を見てみましょう。

```
<!DOCTYPE html>
<html lang="ja">
  <head>
    <meta charset="utf-8">
    <title>ブラウザのタブなどに表示されるページ名</title>
  </head>
  <body>
    Webページを開いた際に表示されるコンテンツ
  </body>
</html>
```

基本的なHTMLは以下のような要素で構成されています。

- **<!DOCTYPE html>**：文書がHTMLで作成されているという宣言
- **<html></html>**：html要素であることを示す。Webページに必要なすべての要素を囲む
- **<head></head>**：Webページの表示などに関する設定内容（文字コードなど）で実際には表示されない
- **<body></body>**：普段Webページを見る際に表示される内容（文字や画像、動画といったコンテンツ）

タグは基本的に開始タグ**<○○>**と終了タグ**</○○>**で囲みます。なかには画像を表示する**<img>**タグのように、終了タグがないものも存在します。

スクレイピングで取得したい内容はbodyにあることが多いです。HTMLの大枠がわかったところでbodyの中で使われる基本的なタグを確認していきます。

以下はHTMLファイルのサンプルです。

```
<!DOCTYPE html>
<html lang="ja">
  <head>
    <meta charset="utf-8">
    <title>サンプルHTML</title>
  </head>
  <body>
    <h1>基本的なbodyの要素</h1>

    <h2>段落</h2>
    <p>サンプル文字列</p>
```

```
   <h2>画像</h2>
   <img src="./imgs/sample.jpg" alt="サンプル画像" width="400">

   <h2>リスト</h2>
   <ul>
     <li>リスト 1</li>
     <li>リスト 2</li>
   </ul>

   <h2>テーブル</h2>
   <table>
     <tr>
       <th>カラム 1</th>
       <th>カラム 2</th>
       <th>カラム 3</th>
     </tr>
     <tr>
       <td>内容 1-1</td>
       <td>内容 1-2</td>
       <td>内容 1-3</td>
     </tr>
     <tr>
       <td>内容 2-1</td>
       <td>内容 2-2</td>
       <td>内容 2-3</td>
     </tr>
   </table>
  </body>
</html>
```

このHTMLファイルをブラウザで開くと図6.1のような表示が確認できます。

図6.1　HTMLファイルの表示例

以下はHTMLファイル内の主なタグとその説明です。

* **<h1></h1>**：見出し要素。h1～h6まで用意されている
* **<img>**：画像を埋め込む
* **<ul></ul>**：リスト。中の各アイテムは**<li></li>**で列挙する
* **<table></table>**：表形式の要素。1行分を**<tr></tr>**で囲み、列の見出しを **<th></th>**、セルの内容は**<td></td>**で囲む

id属性/class属性

idやclassは、imgタグやtableタグなどの要素に付与できる属性です。CSSで Webページを装飾する際などに用いられます。CSSは以下のように記述します。

```
セレクタ {
  プロパティ: 値;
}
```

* セレクタ：CSSを適用するタグやclass、idを指定
* プロパティ：デザインの種類（文字の大きさ、色など）
* 値：プロパティに対応した値（10pxやredなど）

スクレイピングする際、セレクタ（タグ名やclass、id）を指定して要素を取得することもあります。セレクタがどのように使われているか覚えておきましょう。

例えば**\<table\>**要素を修飾するには以下のように記述します。

```
table {
  font-size: 14px; # fontサイズを指定
  width: 60%;      # 表のwidthを指定
}
```

スクレイピングするWebサイトのHTMLの確認方法

スクレイピングを行うときは、まずはWebサイトのHTMLを確認します。今回はWebブラウザである「Chrome」のDevToolsを使用し、以下のようにして取得するデータを探していきます。

① DevToolsを開く

右上のChromeメニューから「More Tools」（その他のツール）→「Developer Tools」（デベロッパーツール）をクリックします（図6.2）。

また、キーボードのショートカットでも開くことができます。

* [Ctrl] + [Shift] + [I] キー（Windows）
* [Command] + [Option] + [I] キー（macOS）

図6.2 Chromeメニューから Developer Tools を選択

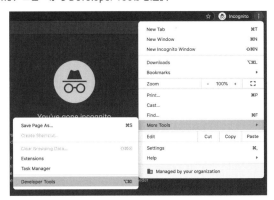

② 目的の要素を探す

　DevToolsの左上のアイコン ⌖ を押すと、左側で表示されているWebページの要素が選択できるようになります。画面上で今回取得したい情報が含まれている部分を選択してみましょう。選択した範囲に対応するHTMLの要素がElementsパネルでハイライトされます（図6.3）。

図6.3　選択した部分に対応するHTML要素が連動してハイライトされる

　これで抜き出したい情報が含まれるHTML要素やそこに指定されたclassなどを知ることができます。

6-2

スクレイピングによるデータ収集
（rvestパッケージ）

　ここまでスクレイピングを行うために必要なWeb知識と取得したいデータがHTMLのどこに含まれているかの確認方法を紹介してきました。ここからは実際にrvestパッケージを使用してどのようにRでスクレイピングを行うのかを見ていきます。

▌ rvestパッケージのインストールと読み込み

　実際に分析に必要なデータをHTMLファイルから抽出していきます。rvestパッケージはRで簡単にスクレイピングできるように便利な関数を多数提供してくれています。まずは基本的な使い方を紹介したあと、スクレイピングの実例を見ていきます。

　Rでスクレイピングをするためにrvestパッケージと、コードの記述の際に利用するmagrittrパッケージをインストールしていきます。

```
install.packages("rvest")
install.packages("magrittr")

library(rvest)
library(magrittr)
```

▌ 基本的な使い方

　データを取得するための便利な関数を紹介します。実際には以下で紹介するコード例を読み替えて使用することになります。

HTMLを読み込む

　スクレイピングの手順としては、まずはURL先のページ（HTML）を取得し、そこから必要なデータを抜き出すという流れになります。そのため、まずはHTMLを読み込むことにしましょう。**read_html**関数の引数にURLを指定することで、URL先のHTMLを取得できます。

```
url <- "https://gihyo.jp/"
read_html(url)
```

```
{html_document}
<html lang="ja">
[1] <head prefix="og: http://ogp.me/ns# fb: http://ogp.me/ns/fb#">\[?]
n<meta htt ...
[2] <body itemscope itemtype="http://schema.org/WebPage">\r\n<div [?]
id="wrapper ...
```

HTMLの生成

minimal_html関数は、引数にbodyタグ内に収めたい内容を指定することで
HTML文書を作成できます。

```
minimal_html("<p>サンプルテキスト</p>")
```

```
{html_document}
<html>
[1] <head>\n<meta http-equiv="Content-Type" content="text/html; 🔲
charset=UTF-8 ...
[2] <body><p>サンプルテキスト</p></body>
```

これからrvestパッケージの使い方を説明する際にサンプルのHTMLとして使
用します。

HTMLから目的の要素を抜き出す

HTMLを読み込んだら、次は必要なデータが含まれる要素を抜き出しましょう。
特定の要素を抜き出したいときには**html_elements**関数を使用します。引数に
はclassやid、タグなどのセレクタを指定します。

```
# サンプルHTML
html <- minimal_html("
  <p class='sample-class'>
    サンプルテキスト1
  </p>
  <p id='sample-id'>
    サンプルテキスト2
  </p>
")
# サンプルテキスト1のpタグ要素を抜き出す
html %>% html_elements(".sample-class")
# サンプルテキスト2のpタグ要素を抜き出す
html %>% html_elements("#sample-id")
# サンプルテキスト1、サンプルテキスト2両方の要素を抜き出す
html %>% html_elements("p")
```

aタグのhrefの値など、要素の属性を抜き出したいときは**html_attr**関数を使
用できます。

```
# サンプルHTML
html <- minimal_html("<a href='https://gihyo.jp/book'>技術評論社</a>")

# ここではhref属性のURLを抜き出す
html %>% html_elements("a") %>% html_attr("href")
```

文字列を抜き出す

　最終的に欲しいのはHTML上の要素ではなく、その中のテキスト（文字列）のことが多いです。要素内の文字列を抜き出したいときは**html_text**関数を使用します。

```
# サンプルHTML
html <- minimal_html("<p>サンプルテキスト</p>")

# 「サンプルテキスト」文字列を抜き出す
html %>% html_text()
```

テーブル要素を抜き出す

　テーブルの中の情報にアクセスしたい場合、**html_table**関数を使用します。テーブル要素を抜き出してtibbleオブジェクトを返却します。

```
# サンプルHTML
html <- minimal_html("
  <table>
    <tr><th>カラム1</th><th>カラム2</th><th>カラム3</th></tr>
    <tr><td>内容1-1</td><td>内容1-2</td><td>内容1-3</td></tr>
    <tr><td>内容2-1</td><td>内容2-2</td><td>内容2-3</td></tr>
  </table>
")

# テーブル要素を抜き出す
html %>% html_table()
```

▊ スクレイピングの実践

　ここでは実践として、技術評論社の新刊書籍一覧ページ（https://gihyo.jp/

book/list）から以下の情報を抜き出す例を紹介します。

- 新刊タイトル
- 著者名
- 定価
- 発売予定日

rvestパッケージでスクレイピングする

　まずはどの要素に必要なデータがあるか確認します。DevToolsを見るとdata classのついた要素に抜き出したい情報が格納されています（図6.4）。

図6.4　DevToolsから抜き出したい要素を確認

　ではrvestパッケージを用いてスクレイピングをしてみましょう。以下の流れでスクレイピングを行います。

1. `read_html`関数で対象のURLを指定し、URL先のページのHTMLを読み込む
2. `html_nodes`関数に新刊書籍の情報が入っている要素に対するセレクタを指定し、要素を抜き出す
3. `map_dfr`関数に以下のコードで定義する`extract_book_info`関数を受け渡し、新刊の数だけタイトルや価格を抜き出す

以下がスクレイピングのコードです。

```r
# 必要なパッケージの読み込み
library(rvest)
library(magrittr)

# 新刊の数だけタイトルなどの情報を抜き出したいため、
# 個々の抜き出したデータを`extract_book_info`という関数に切り出しておく
extract_book_info <- function(node) {
  # タイトル
  title <- node %>% html_element("h3 a") %>% html_text()
  # 著者名
  author <- node %>% html_element(".author") %>% html_text()
  # 価格
  price <- node %>% html_element(".price") %>% html_text()
  # 発売日
  publish_at <- node %>% html_element(".sellingdate") %>% html_text()

  # タイトルや著者名など必要な情報をリストにして返却
  list(
    title = title,
    author = author,
    price = price,
    publish_at = publish_at
  )
}

target_url <- "https://gihyo.jp/book/list"

books <- read_html(target_url) %>%
  html_elements(".data") %>%
  purrr::map_dfr(extract_book_info)
```

　purrr::map_dfr関数はインプットの値を変形し、データフレームとして返します。今回であれば書籍の情報が入った要素をインプットとして渡し、タイトルや著者名などを抜き出し、変形してデータフレームにまとめます。

　スクレイピングで取得したデータを確認します（スクレイピングの結果は執筆時点のものです）。

```
books
```

```
# A tibble: 25 × 4
   title          author          price      publish_at
```

```
   <chr>         <chr>          <chr>         <chr>
 1 知られざる水の…  齋藤勝裕 著      定価1,738… 2022年1月8…
 2 Bootstrap 5 フ…  [WINGSプロジェ…  定価3,828… 2022年1月7…
 3 HTML＆CSSとWeb…  服部雄樹 著      定価2,860… 2022年1月7…
 4 アルゴリズムが…   松浦健一郎, 司ゆ… 定価2,640… 2022年1月7…
 5 エキスパートた…   上田拓也, 青木太… 定価3,278… 2022年1月7…
 6 今すぐ使えるか…   水坂寛 著       定価2,750… 2022年1月7…
 7 基礎からしっか…   河原木忠司 著    定価2,948… 2022年1月7…
 8 ゼロからはじめ…   技術評論社編集部… 定価1,738… 2022年1月5…
 9 令和04-05年 応…  大滝みや子 著     定価2,640… 2021年12月…
10 問題解決のため…   米田優峻 著      定価2,948… 2021年12月…
# … with 15 more rows
```

「タイトル」「著者名」「価格」「発売日」がそれぞれcharacter型で取得できています。日付はDate型がよいなど各々のデータを加工したい場合は、このあとの「6-4 文字列処理（stringrパッケージ）」を参考にしてみてください。

6

6 - 3
ブラウザの操作（RSeleniumパッケージ）

▎なぜRでブラウザを操作するのか

　rvestパッケージでもWebサイトから情報を取得してくることは可能です。しかし、SPA（Single Page Application）のようにWebページを開いたあとにJavaScriptが動いてコンテンツが表示されるような場合や、クリック操作でしかダウンロードができないデータを取得したい場合などは、ブラウザを操作する必要が出てきます。そうした場合に手動でブラウザを立ち上げるのではなく、Rからブラウザを操作してデータを取得できるようにしていきましょう。

▎Seleniumとは

　Seleniumを使うことで、ブラウザをプログラムから操作できます。ChromeやSafariなどのブラウザ以外にもヘッドレスブラウザと呼ばれるGUIのないWebブ

ラウザも操作できるようになります。もともとはWebアプリケーションのテスト自動化を目的として使用されていましたが、今では業務効率化の視点で使われることも多いツールです。

インストールとパッケージの読み込み

まずSeleniumをRで利用できるRSeleniumパッケージをインストールし、ライブラリを読み込みます。

```
install.packages("RSelenium")
library(RSelenium)
```

Seleniumサーバ

RからSeleniumを扱うためにはSeleniumサーバを起動させておく必要があります。RSeleniumパッケージでブラウザ操作するための準備をしていきましょう。

Seleniumサーバの起動

RSeleniumパッケージで推奨されているのはDockerを使ったSeleniumサーバの起動です。Dockerとはコンテナ仮想化を用いてアプリケーションを開発・配置・実行するためのオープンソースソフトウェアあるいはオープンプラットフォームです。PCにDockerが入ってない方は以下のURLからインストールしてください。

- Get Docker https://docs.docker.com/get-docker/

ここではDockerの詳細な解説には踏み込みません。以下が公式の資料ですが、ご自身に合った資料なども参考にしてください。

- Docker Documentation https://docs.docker.com/

無事にインストールできたら、**docker run**コマンドでコンテナを起動します。

以下のコマンドをRStudioのTerminalタブ[注1]で実行してください。

```
docker run -d -p 4444:4444 selenium/standalone-chrome
```

今回は以下のようにオプションを指定しています。

- **-d**：バックグラウンドでDockerコンテナを起動
- **-p 4444:4444**：コンテナ側の4444ポートをホストの4444ポートにマッピング
- **selenium/standalone-chrome**：使用するイメージ

今回はChromeがインストールされたイメージ（**selenium/standalone-chrome**）を使用しますが、Firefoxなどの他のブラウザ用のイメージも用意されています。ご自身の環境で必要としているものを選択してください。

Seleniumサーバの停止

不要になったら起動したコンテナを**docker stop**コマンドで停止します。どのコンテナを停止するかはコンテナ名またはコンテナIDで指定します。まずは起動中のコンテナの一覧を表示してみましょう。

```
docker container ls
CONTAINER ID        IMAGE                   COMMAND                ↲
CREATED             STATUS          PORTS                NAMES
e821f5f5872e        selenium/standalone-chrome    "/opt/bin/entry_↲
poin…"   6 seconds ago      Up 5 seconds        0.0.0.0:4444->4444/↲
tcp    modest_jennings
```

コンテナIDが**e821f5f5872e**、コンテナ名が**modest_jennings**であることがわかったので、どちらかを指定して不要となったコンテナを停止させます。

```
docker stop modest_jennings
```

[注1]　TerminalタブはConsoleタブの隣に位置します。タブをクリックして選択してください。また、WindowsであればコマンドプロンプトやPowerShell、macOSであればターミナルでも実行可能です。https://support.rstudio.com/hc/en-us/articles/115010737148-Using-the-RStudio-Terminal-in-the-RStudio-IDE#started

RからSeleniumサーバへの接続

　続いてRからSeleniumに接続していきましょう。Seleniumサーバに接続するためには、適切なオプションを指定して**remoteDriver**クラスを初期化します。localhost:4444でSeleniumサーバに接続するので、**remoteServerAddr**引数に**localhost**、**port**引数に**4444L**を指定します。

```
driver <- remoteDriver(
  remoteServerAddr = "localhost",
  port = 4444L,
  browserName = "chrome"
)
```

　本書では推奨されているDockerを用いたSeleniumサーバの起動方法を説明しましたが、Docker以外にもSeleniumサーバを起動するために必要なバイナリを管理する**rsDriver**関数の使用や、手動でバイナリを起動する方法もあります。もしDockerを使いたくないという場合は以下のリンクからそれらの方法をお試しください。

- Basics・rOpenSci: RSelenium https://docs.ropensci.org/RSelenium/articles/basics.html

Column　VNC を使用して画面を確認しながら進める

　Docker を起動して RSelenium パッケージでスクレイピングなどの作業を進めていると、今開いている Web ブラウザを確認したくなります。そういうときは **-debug** というイメージ（例：**selenium/standalone-chrome-debug**）を選択することで、VNC（Virtual Network Computing）を用いて、Docker コンテナにリモート接続し、画面を確認しながら動作させることもできます。本コラムでは macOS での VNC の利用方法を紹介します[注2]。

　デバック用のコンテナを起動するには、以下のコマンドを RStudio の Terminal タブで実行してください。

```
docker run -d -p 4444:4444 -p 5900:5900 selenium/standalone-↵
chrome-debug
```

localhost:5900 で Docker コンテナの VNC サーバに接続できます。実行後、
お好みの VNC Viewer をインストールして立ち上げ、以下を入力します（図6.5）。

- サーバアドレス：vnc://localhost:5900
- パスワード：secret

図 6.5　VNC Viewer のサーバ接続の設定例

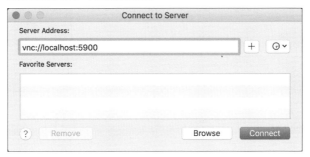

macOS の場合、「Finder」で「移動」→「サーバへ接続...」を選択しアドレ
スを記入して接続ボタンを押すとパスワード入力画面が現れます。
　パスワードを入力するとリモートサーバへの接続が完了します。試しに画面
を操作して https://example.com に遷移してみます。

```
driver <- remoteDriver(
  remoteServerAddr = "localhost",
  port = 4444L,
  browserName = "chrome"
)

driver$open()
driver$navigate("https://example.com")
```

example.com の画面が表示されました（図 6.6）。これで今どの画面が開か
れているかが視覚的にわかりやすくなります。

図 6.6 example.com 画面

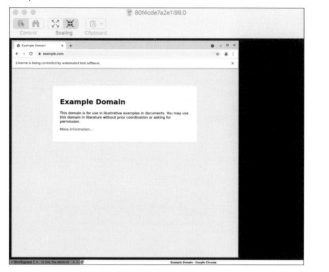

基本的な使い方

RSeleniumパッケージでは、マウス操作のようにブラウザを操作する関数を用意しています。ここでは基本的な関数を紹介します。

RSelenium サーバへの接続

openメソッドでSeleniumサーバに接続します。**getStatus**メソッドで接続状態を確認できます。

```
driver$open()
driver$getStatus()
```

画面の遷移

navigateメソッドで引数に指定したURLにアクセスします。

```
driver$navigate("https://example.com")
```

前のページに戻るには**goBack**メソッド、先のページに進むなら**goForward**メソッドを使用します。

```
driver$goBack()
driver$goForward()
```

現在のURLを確認するには**getCurrentUrl**メソッドを用います。

```
driver$getCurrentUrl()
```

要素の検索

ページ上の要素を検索するには**findElement**メソッドを用います。

```
driver$findElement(using = "id", value = "searchFormKeyword")
```

using引数に以下を設定することで、何を用いて要素を探すかを指定できます。

- **xpath**：XPath[注3]
- **css selector**：CSSセレクタ
- **id**：id属性
- **name**：name属性
- **tag name**：tag名
- **class name**：class名
- **link text**：linkテキスト
- **partial link text**：linkテキストの一部

valueには、実際のid名やclass名といった**using**引数の指定に基づき、具体的な要素を示す値を設定します。複数の要素を返却してほしい場合は**findElements**メソッドを使用しましょう。

注3　XPath（XML Path Language）は、HTMLのようなXML形式の文書中の特定部分を簡潔に指定することのできる言語です。https://developer.mozilla.org/ja/docs/Web/XPath

テキストボックスでの検索

　テキストボックスに値を入力し、検索したい場合はsendKeysToElementメソッドを使用します。findElementメソッドで検索窓の要素を見つけ、sendKeysToElementメソッドで検索窓に入力したい値と動作を引数に指定します。

```
driver$navigate("https://gihyo.jp/")

# id='search' の要素を見つける
element <- driver$findElement(using = "id", value = "searchFormKeyword")
# RStudioという文字列でエンターを押し検索させる
element$sendKeysToElement(list("RStudio", key = "enter"))
```

　引数はlistで指定します。検索用文字列はキーなしでlistに含め、keyで送信するキーを指定します。今回は「エンターキーを押す」という挙動を実現したいのでkey = "enter"としています。他にkeyに指定できるものとしては以下の表に一覧があるので参考にしてください。

- JsonWireProtocol・SeleniumHQ/selenium Wiki https://github.com/SeleniumHQ/selenium/wiki/JsonWireProtocol#sessionsessionidelementidvalue

スクロール

　検索と同様、前後にスクロールしたい場合も sendKeysToElement メソッドを使用します。

```
driver$navigate("https://gihyo.jp/")

# bodyタグを見つける
element <- driver$findElement("tag name", "body")
# ページ下までスクロール
element$sendKeysToElement(list(key = "end"))
```

　また、トップに戻りたい場合はkeyに "home" を指定します。

リンクをクリック

　clickElementメソッドを用いることで、選択している要素をクリックできます。

```
driver$navigate("https://gihyo.jp/")

# トップページの1つめのおすすめ記事要素を取得
element <- driver$findElement(
  using = "css selector",
  value = "#featureArticle > dl > dt:nth-child(1) > a:nth-child(2)"
)
# クリックする
element$clickElement()
```

エラーの表示

　実行中にエラーに遭遇した場合、Further Details: run errorDetails methodと返却されることがあります。そうしたときにはerrorDetailsメソッドで詳細を確認しましょう。ヒントが得られるかもしれません。

```
driver$errorDetails()$message
```

ブラウザ操作の実践

　ここでは技術評論社のWebサイトで検索を行い、本のタイトルを取得していきます。今回はRSeleniumの使用イメージをつかむために、あえてrvestパッケージを利用しません。以下の流れで進めていきます。

1. driverの作成
2. 技術評論社のWebサイトへ遷移
3. 検索窓で「RStudio」について検索
4. 検索結果から本のタイトルを抜き出す

以下がRSeleniumを利用してブラウザを操作するコードです。

```
driver <- remoteDriver(
  remoteServerAddr = "localhost",
  port = 4444L,
  browserName = "chrome"
)
```

```
driver$open()

# gihyoページに遷移
driver$navigate("https://gihyo.jp/")

# 右上の検索窓で「RStudio」を検索
element <- driver$findElement(using = "id", value = "searchFormKeyword")
element$sendKeysToElement(list("RStudio", key = "enter"))
driver$getCurrentUrl()

# 本のタイトルを取得
title_elems <- driver$findElements(using = "css selector", value = "a.
gs-title")
titles <- sapply(title_elems, function(elem) {
  elem$getElementText()
})

driver$close()
```

　検索結果のURLは「https://gihyo.jp/result?query=RStudio」となっているので、実はrvestパッケージでも同様にタイトルを取得できます。SeleniumはDocker環境を用意するなど少し手間がかかるので、できる限りrvestパッケージで問題解決するのがよさそうです。RSeleniumはクリックしなければダウンロードできない場面など、どうしてもrvestパッケージでは難しい場合に活躍するパッケージです。

6-4
文字列処理（stringrパッケージ）

　例えばrvestパッケージでスクレイピングをした際、価格は文字列として扱われていました。分析するのであれば数値に変更したいと考えるのが普通でしょう。データ分析の際に扱いやすいように文字列処理を行うことにしましょう。本節ではstringrパッケージを利用して、文字列処理を行います。

　まずは、stringrパッケージをインストールし読み込みます。

```
install.packages("stringr")
library(stringr)
```

▌基本的な使い方

スクレイピングの際に、あわせて使いそうな関数を中心に解説します。

文字列の抽出

　文章中の数字や特定のワードを抜き出したいことはよくあります。ここでは任意の文字列を抽出するため、いくつかの関数を紹介します。

　str_extract関数はマッチさせたいパターンを引数にとり、最初にマッチした部分を抜き出します。

```
sentence <- "I have 2 dogs and 3 cats."
sentence %>% str_extract("[0-9]+")
```

```
## [1] "2"
```

6

　パターンには正規表現も使用できます。正規表現についてはヘルプを参照してください（**?base::regex**）。

　str_extract_all関数はパターンにマッチした部分すべてを抽出します。

```
sentence <- "I have 2 dogs and 3 cats."
sentence %>% str_extract_all("[0-9]+")
```

```
[[1]]
[1] "2" "3"
```

　str_sub関数は**start**引数と**end**引数に数値を指定して文字列を抽出します。後ろからカウントしたい場合はマイナスで指定します。

```
sentence <- "田中花子 著"
sentence %>% str_sub(start = 1, end = -3)
```

```
[1] "田中花子"
```

文字列の結合

　抽出した複数の文字列などを結合したいときは**str_c**関数を使用します。結合させる文字列を並べ、**sep**引数に間に差し込む文字列を指定します。

```
str_c("2021", "01", "01", sep = "-")
```

```
[1] "2021-01-01"
```

　また、結合させたい値をベクトルとして持っている場合はcollapse引数で結合させる文字列間に差し込む文字列を指定できます。

```
date_list <- c("2021", "01", "01")
str_c(date_list, collapse = "-")
```

```
[1] "2021-01-01"
```

不要な文字列を取り除く

　文章中の任意の文字列を切り取ったものの、不要な文字が入っていることがあります。不要な文字列を取り除きたい場合にはstr_remove関数を使用しましょう。引数に指定したパターンにマッチする箇所を取り除きます。

```
sentence <- "2,200"
sentence %>% str_remove(",")
```

```
[1] "2200"
```

文字列処理の実践

　「6-2 スクレイピングによるデータ収集（rvestパッケージ）」の節でrvestパッケージを用いて実装した新刊書籍のスクレイピングデータをより扱いやすくするために、以下の変更を加えていきます。

- 著者名の後ろの空白文字と「著」を省く
- 価格を数値データとして扱う
- 発売日を日付データとして扱う

　以下がそのコードです。

```r
# 必要なパッケージを読み込み
library(stringr)
library(rvest)
library(magrittr)

# 書籍情報を抜き出す関数を定義
extract_book_info <- function(node) {
  # タイトル
  title <- node %>%
    html_element("h3 a") %>%
    html_text()
  # 著者名
  author <- node %>%
    html_element(".author") %>%
    html_text() %>%
    str_sub(start = 1, end = -3)
  # 価格
  price <- node %>%
    html_element(".price") %>%
    html_text() %>%
    str_extract("[0-9,]+") %>%
    str_remove(",") %>%
    as.numeric()
  # 発売日
  publish_at <- node %>%
    html_element(".sellingdate") %>%
    html_text() %>%
    str_extract_all("[0-9]+") %>%
    unlist() %>%
    str_c(collapse = "-") %>%
    as.Date()

  list(
    title = title,
    author = author,
    price = price,
    publish_at = publish_at
  )
}

target_url <- "https://gihyo.jp/book/list"

books <- read_html(target_url) %>%
  html_elements(".data") %>%
  purrr::map_dfr(extract_book_info)
```

6

得られたデータを見てみましょう。著者名から不要な末尾の「著」が省かれています。また価格はdouble型、出版日はDate型になったことで、その後の分析がしやすくなります。

```
books
```

```
# A tibble: 25 × 4
   title              author             price publish_at
   <chr>              <chr>              <dbl> <date>
 1 知られざる水の化学…  齋藤勝裕            1738 2022-01-08
 2 Bootstrap 5　フロン… ［WINGSプロジェク…  3828 2022-01-07
 3 HTML＆CSSとWebデザ…  服部雄樹            2860 2022-01-07
 4 アルゴリズムがわか…  松浦健一郎, 司ゆき   2640 2022-01-07
 5 エキスパートたちのG… 上田拓也, 青木太郎…  3278 2022-01-07
 6 今すぐ使えるかんた…  水坂寛              2750 2022-01-07
 7 基礎からしっかり学…  河原木忠司          2948 2022-01-07
 8 ゼロからはじめるGal… 技術評論社編集部     1738 2022-01-05
 9 令和04-05年 応用情…  大滝みや子          2640 2021-12-27
10 問題解決のための「…  米田優峻            2948 2021-12-25
# … with 15 more rows
```

6-5
途中でエラーが起こったときのエラーハンドリング

実行している最中にページが削除され404 not foundなどのエラーが返ってくることなどがあります。エラーが起きると途中で処理が異常終了してしまいます。エラーを正しく処理することで、途中でエラーが起きても処理が中断されないようにしましょう。

エラー処理は**try**関数を使用します。**try**関数に式を渡すと、その式がエラーを起こした際に**try-error**クラスのオブジェクトが返却されます。今回は**read_html**関数が返すエラーを処理していきます。Wifi機能などをオフにした状態でネットワークを遮断し、以下のコードを実行します。

```
read_html("https://gihyo.jp/")
```

エラー処理をしない場合、以下のようにエラーが発生して処理が中断されます。

```
Error in open.connection(x, "rb") : Could not resolve host: gihyo.jp
```

エラーが起きたときに異常終了しないよう**try**関数を使います。独自に定義した**get_html**という関数内でエラーが起きるので、今回はエラーが発生した場合のURLを表示し、さらにerrorと書かれたHTMLを返却します。

わざとエラーが起こるようにネットワークに接続しない状態で以下のコードを実行してみましょう。

6

```r
# 必要なパッケージを読み込み
library(rvest)
library(stringr)

# HTMLを取得する関数を定義
get_html <- function(url) {
  book_list <- try(read_html(url))

  if (inherits(book_list, "try-error")) {
    error <- paste0("an error occured, ", url)
    print(error)

    # エラーと書かれたHTMLを返す
    return(minimal_html("<p>error</p>"))
  } else {
    return(book_list)
  }
}

# 書籍情報を抜き出す関数を定義
extract_book_info <- function(node) {
  # タイトル抽出
  title <- node %>%
    html_element("h3 a") %>%
    html_text()
  # 著者名
  author <- node %>%
    html_element(".author") %>%
    html_text() %>%
    str_sub(start = 1, end = -3)
  # 価格
  price <- node %>%
    html_element(".price") %>%
```

```
    html_text() %>%
    str_extract("[0-9,]+") %>%
    str_remove(",") %>%
    as.numeric()
  # 発売日
  publish_at <- node %>%
    html_element(".sellingdate") %>%
    html_text()

  list(
    title = title,
    author = author,
    price = price,
    publish_at = publish_at
  )
}

target_url <- "https://gihyo.jp/book/list"

books <- get_html(target_url) %>%
  html_elements(".data") %>%
  purrr::map_dfr(extract_book_info)
```

サイトに接続できないため、途中でエラーが起きますが、**try**関数でキャッチされ、エラーが起きた場所のURLがコンソールに表示されました。

```
Error in open.connection(x, "rb") : Could not resolve host: gihyo.jp
[1] "an error occured, https://gihyo.jp/book/list"
```

エラーでデータは取得できないものの、異常終了せずにtibbleオブジェクトを得ることができます。

```
books
```

```
# A tibble: 0 × 0
```

複数のWebページを一気にスクレイピングしたい場合、例えばそのうちの1ページが削除されて404エラーになってしまうことなどがあります。対象のページが多ければ多いほど途中で異常終了するとやり直すのに時間がかかってしまうので、エラーが起こる可能性がある場合はエラーハンドリングを行うようにしましょう。Warningも検知したい場合は**tryCatch**関数を使用してください。

6-6
スクレイピング時の注意点

本節ではWebサイトから情報を取得するにあたって注意すべき点を紹介します。

1. 著作権やWebサイトの利用規約を確認

スクレイピングしたデータを使用する際には、著作者の権利を侵害していないか文化庁のサイトなどで確認しておきましょう。

- 著作物が自由に使える場合 https://www.bunka.go.jp/seisaku/chosakuken/ seidokaisetsu/gaiyo/chosakubutsu_jiyu.html

Webサービスを利用する際、利用規約に同意する必要があることも多くあります。その際に、利用規約の中でスクレイピングを禁止していないか内容をよく確認しましょう。

2. クローリングしてもよいページかを確認

Webサイトはrobots.txtを用意して、クロールしてよいページなのかを記述している場合があります。robots.txtは **https://example.com/robots.txt** のようにWebサイトのトップディレクトリに配置されています。以下はrobots.txtのサンプルです。User-Agentごとにルールを設定しています。**example-crawler**という User-Agentでアクセスする場合、**/path_a**はアクセスできませんが**/path_b**はアクセスが許可されています。

```
user-agent: example-crawler
Disallow: /path_a
Allow: /path_b
```

以下のrobots.txtはクローラーのアクセスを全ページで禁止しています。

```
user-agent: *
```

```
Disallow: /
```

該当するグループに与えられたルールを守るよう心がけましょう。

Webサイトはrobots.txtと同様に、各ページの **\<head>\</head>** にクロール可能かを指定することもできます。

以下のようにname属性の値が **robots** になっている場合は、すべてのクローラーに対してルールが適応されます。

```
<meta name="robots" content="nofollow" />
```

name属性の値を変更することで特定のUser-Agentを対象にできます。

```
<meta name="example-crawler" content="nofollow" />
```

content属性には主に以下のような値があります。

- noindex：検索エンジンがインデックスすることを許可しない
- nofollow：ページ内のリンクをたどることを許可しない
- none：noindex、nofollowと同様
- noarchive：ページの保存を許可しない

nofollowの場合はページ内のリンクをたどらないよう注意しましょう。

また、aタグに**rel="nofollow"**が設定されている場合もあり、これもリンク先をたどってスクレイピングしないようにしましょう。

▌ 3. User-Agentの適切な設定

User-Agentにはメールアドレスや連絡先情報が載ったURLなどを書く方法があります。User-Agentに連絡先を明示しておくと、問題が発生した場合にサービス運営者が連絡をとりやすくなります。次節「6-7 Rで実践する紳士的なスクレイピング方法（politeパッケージ）」で、独自のUser-Agentを設定する方法を記載しています。

4. Webサイトへかかる負荷の軽減

一般にWebサイトへのアクセス間隔は、1秒以上空けるのが望ましいと言われています。場合によってはもっと間隔を空けるなどして負荷をWebサイトへかかる軽減しましょう。

- 国立国会図書館法によるインターネット資料の収集について https://warp.da.ndl.go.jp/bulk_info.pdf

6-7
Rで実践する紳士的なスクレイピング方法（politeパッケージ）

前節でスクレイピングするにあたり、気をつけなければならないことについて解説しました。これらをすべて自分で確認するのは大変な作業です。Rには紳士的な方法でスクレイピングを行うためのpoliteパッケージがあります。rvestパッケージを使用する際、politeパッケージと合わせて使うことで意識せずWebサービスに負荷や迷惑をかけないスクレイピングができるようになります。

以下のようにして、politeパッケージのインストールと読み込みを行います。

```
install.packages("polite")
library(polite)
library(rvest)
```

丁寧なスクレイピング

スクレイピングの際に、robots.txtを確認してクロール可能なページかどうか確認する必要があることを前節で解説しました。politeパッケージの**bow**関数を使うことで、データを取得しようとしているWebサイトのrobots.txtを参照し、スクレイピングしても問題ないかを判断しセッションを作成します。最初にお辞儀（bow）をしてセッションができてしまえば、そのあとはもう**bow**関数を使用

する必要はありません。

```
session <- bow("https://gihyo.jp")
session
```

```
<polite session> https://gihyo.jp/
    User-agent: polite R package - https://github.com/dmi3kno/polite
    robots.txt: 8 rules are defined for 3 bots
  Crawl delay: 5 sec
 The path is scrapable for this user-agent
```

　ここまで利用してきたgihyo.jp（技術評論社のWebサイト）は3つのbotに対して8つのルールがあることがわかります。

　またスクレイピングの間隔がデフォルトで5秒になっています。調整したい場合は**delay**パラメータを指定します。politeのデフォルトUser-Agentの場合、4秒以下での設定ができないため、より短くしたい場合は連絡先などの情報を含めた独自のUser-Agentを設定しましょう。

```
session <- bow(
  "https://gihyo.jp",
  user_agent = "custom user-agent & contact details",
  delay = 3
)
session
```

```
<polite session> https://gihyo.jp
    User-agent: custom user-agent & contact details
    robots.txt: 8 rules are defined for 3 bots
  Crawl delay: 3 sec
 The path is scrapable for this user-agent
```

　違うページに遷移したときに、新しいページがクロールを許可されているかを確認するには**nod**関数を使用します。実際に**nod**関数で**https://gihyo.jp/tagList**へのクロールができるか確認してみましょう。

```
session <- nod(session, "https://gihyo.jp/tagList")
session
```

```
<polite session> https://gihyo.jp/tagList
    User-agent: polite R package - https://github.com/dmi3kno/polite
    robots.txt: 8 rules are defined for 3 bots
```

```
    Crawl delay: 5 sec
 The path is not scrapable for this user-agent
```

gihyo.jp では Robots.txt ですべての User-Agent に対して **/tagList** ページのクロールを禁止しています。**polite session** を見ても **The path is not scrapable for this user-agent** となっていて、polite パッケージの User-Agent ではスクレイピングができないことがわかります。

実際に Web サイトからデータを取得するためには **scrape** 関数を用います。robots.txt で許可されているページのみ html を取得し、許可されてない場合は警告が表示されます。

```
session <- nod(session, "https://gihyo.jp/")
scrape(session)
```

```
{html_document}
<html xmlns="http://www.w3.org/1999/xhtml" xmlns:og="http://
opengraphprotocol.org/schema/" xmlns:fb="http://www.facebook.com/2008/
fbml" xml:lang="ja" lang="ja">
[1] <head>...
[2] <body itemscope itemtype="http://schema.org/WebPage">...
```

gihyo.jp のトップページはスクレイピングが許可されています。**scrape** 関数の結果を見ても html が取得できていることがわかります。

次にスクレイピングが禁止されているページで **scrape** 関数を使ってみましょう。

```
session <- nod(session, "https://gihyo.jp/tagList")
scrape(session)
```

```
NULL
Warning message:
No scraping allowed here!
```

警告が表示されました。**nod** 関数の結果を踏まえて、**scrape** 関数で html を取得するためのアクセスができないようになっています。

「6-2 スクレイピングによるデータ収集（rvest パッケージ）」で実践した内容を polite パッケージを使って書き直してみましょう。ほとんどコードを変えることなく紳士的なスクレイピングができるようになります。

```r
library(polite)
library(rvest)

extract_book_info <- function(node) {
  # タイトル
  title <- node %>% html_element("h3 a") %>% html_text()
  # 著者名
  author <- node %>% html_element(".author") %>% html_text()
  # 価格
  price <- node %>% html_element(".price") %>% html_text()
  # 発売日
  publish_at <- node %>% html_element(".sellingdate") %>% html_text()

  list(
    title = title,
    author = author,
    price = price,
    publish_at = publish_at
  )
}

target_url <- "https://gihyo.jp/book/list"

# 元のコード
# books <- read_html(target_url) %>%
#   html_elements(".data") %>%
#   map_dfr(extract_book_info)

# politeパッケージを使用して置き換えたコード
books <- bow(target_url) %>%
  scrape() %>%
  html_elements(".data") %>%
  purrr::map_dfr(extract_book_info)
```

bow関数とscrape関数を用いることで意識せずともrobots.txtを確認し、節度を持った間隔でスクレイピングできていますね。

6-8
まとめ

　本章では、スクレイピングに必要なWebの知識から、実際にrvestパッケージやRSeleniumパッケージを用いたスクレイピング方法、データ取得後の文字列整形を実践例を交えて解説してきました。Web上にはさまざまなデータが存在しており、それらを取得できれば分析の幅が広がります。スクレイピングする際の注意点に気をつけて効率的に必要なデータにアクセスしていきましょう。

参考文献

- 開発者向けのウェブ技術 https://developer.mozilla.org/ja/docs/Web
- rvest https://rvest.tidyverse.org/
- Rselenium https://docs.ropensci.org/RSelenium/
- stringr https://stringr.tidyverse.org/
- polite https://dmi3kno.github.io/polite/

Chapter

7

データフローの
整理と定期実行

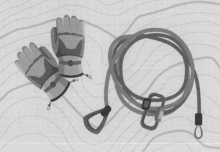

これまでの章では、データの入手から集計（2章）、可視化（3章）、レポーティング（4章）などの工程を見てきました。本章ではこれらの工程を効率的に再実行、自動化していくためのしくみと応用例を紹介します。

- 再現性を高めるためにパッケージのバージョンを固定（renvパッケージ）
- 再現性の向上と再分析の高速化を図るためにWeb上のデータをキャッシュ（pinsパッケージ）
- パイプラインのメンテナンス（targetsパッケージ）
- スクリプトの定期実行（taskscheduleRパッケージまたはcronRパッケージ）
- 応用：Rに関する新刊情報の通知

応用編を除いて、基本的に独立しています。興味のあるところから読み進めてください。なお、本章は多様なパッケージが登場する性質上、どの関数がどのパッケージ由来であるかわかりやすくするため、**library**関数によるパッケージの読み込みは最小限に控え、**パッケージ::関数**の記法を用います。

7-1
再現性を高めるためにパッケージのバージョンを固定（renvパッケージ）

renvパッケージはRのプロジェクトごとにRの環境を作るためのパッケージです。プロジェクトごとにRの環境を分離できるので、例えば同じマシンのプロジェクトAでは安定版のdplyrパッケージを使いながら、プロジェクトBでは最新の開発版のdplyrパッケージを使う、といったことができるようになります。また、あるプロジェクトで使用しているパッケージのバージョンをすべてスナップショットとして記録しておき、他のマシンでそれを再現する、といったことも簡単にできるようになります。あなたの書いたコードとともに、そのコードが依存するパッケージのバージョンも管理することで、その挙動の再現性がより一層高まるでしょう。

renvパッケージは簡単に使い始めることができます。基本は慣れ親しんだ**install.packages**関数に加え、renvパッケージ由来の3つの関数を使うだけです。

- **init**関数によるパッケージ管理の開始宣言
- **snapshot**関数によるパッケージ情報の保存
- **restore**関数によるパッケージ情報の復元

　renvパッケージはプロジェクトディレクトリ内のRファイルやRmdファイルを検査し、管理が必要なパッケージを判断してくれるので、手間をかけずに使うことができます。

バージョン管理の導入（renv::init関数）

　バージョン管理を始めるには**renv::init**関数を実行します。RStudioユーザーの場合は、プロジェクトを開いた状態で実行しましょう。RStudio以外で利用する場合は、作業ディレクトリがプロジェクトのルートディレクトリであることを確認したうえで実行しましょう。

```
renv::init()
```

　実行すると、プロジェクトで使用中のパッケージをRファイルやRmdファイルから検出し、未インストールの依存パッケージがあれば自動的にインストールします。そして、パッケージのバージョン情報をrenv.lockファイルに保存します。
　プロジェクトディレクトリ下には、他にもrenvディレクトリと.Rprofileファイルが用意されます。renvディレクトリは、依存パッケージやrenvパッケージを便利に利用するためのスクリプトの保存先です。.RprofileファイルはR起動時に自動実行されるスクリプトで、内部でさらにrenv/activate.Rファイルを実行します。renv.lockファイルを含め、いずれもrenvパッケージを利用する際に必要なので、削除しないでください。

パッケージ情報の更新（renv::snapshot関数）

　依存パッケージの追加・更新・削除を行ったら、**renv::snapshot**関数を用いて、renv.lockファイルを更新しましょう。

```
renv::snapshot()
```

　インストール済みのパッケージのうち、**Rファイルや Rmdファイルで使われ ているパッケージ**を検査し、依存パッケージの名前、バージョン、入手方法など を renv.lock ファイルに記載します。

　なお本書ではふれませんが、DESCRIPTION ファイルを記述することによって、 依存パッケージを明示的に指定することもできます。詳細はドキュメントを確認 してください（**?renv::snapshot**）。

▌ バージョン情報通りにパッケージをインストール（renv::restore関数）

　パッケージのバージョン情報を記録しておけば、いつでも記録された環境を復 元できます。例えば以下のようなときに便利です。

- 試しにパッケージを更新したが戻したい
- 他のパソコンにプロジェクトの分析環境を整えたい

　renv::restore関数を実行すると、renv.lock ファイルに記録した通りにバージョ ンのパッケージをインストールします。

```
renv::restore()
```

▌ renvパッケージ利用における Tips

　ここからは renv パッケージを使ううえで知っておくと便利な事柄について説 明します。

パッケージの追加・更新・削除

　パッケージの追加・更新・削除は、**install.packages**関数、**update.packages** 関数、**remove.packages**関数を使います。一見すると R の標準的な関数ですが、 renv パッケージで管理しているプロジェクトで作業する場合には、それらは renv パッケージ用の実装に上書き（マスク）されています[注1]。特に **install. packages**関数についてはバージョン指定や入手先の変更機能が強化されています。

[注1]　これらは内部で**renv::install**関数、**renv::update**関数、**renv::remove**関数を呼び出しています。

```
# CRAN上のパッケージ
install.packages("dplyr")

# 特定のバージョンのパッケージ
install.packages("dplyr@0.8.5")

# GitHub上のパッケージ
install.packages("tidyverse/dplyr")

# Bioconductor上のパッケージ
install.packages("bioc::Biobase")
```

　GitHub[注2]やBioconductor[注3]には、CRANに登録されていないさまざまなパッケージが存在します。GitHub上のパッケージをインストールするには、レポジトリのURLからhttps://github.comを取り除いた文字列を指定します。例えばdplyrパッケージなら**tidyverse/dplyr**を指定します[注4]。Bioconductor上のパッケージをインストールするには、パッケージ名前の前に**bioc::**と記述します。

　なおパッケージの更新・削除に際してはパッケージ名だけを指定してください。

```
# BioconductorのBiobaseを更新・削除
# "bioc::Biobase"ではなく単に"Biobase"と指定
update.packages("Biobase")
remove.packages("Biobase")
```

　これらの関数の役割はあくまでパッケージのインストール・アンインストールであり、その結果をバージョン管理対象に加える役割は**renv::snapshot**関数が担う点に注意してください。パッケージをインストール・アンインストールして、スクリプトの動作に問題がないかを確認してから**renv::snapshot**関数で現状を保存する流れです。

注2　GitHubではR用パッケージに限らずさまざまなソフトウェアのソースコードがバージョン管理されています。CRANやBioconductorに登録されているパッケージの中には、GitHub上で開発されているものもあり、開発版の入手先としても利用できます。

注3　Bioconductorからはゲノムデータの分析・理解するためのRパッケージを入手できます。https://www.bioconductor.org/

注4　dplyrパッケージは以下のリポジトリで管理されています。https://github.com/tidyverse/dplyr　特定の更新が加えられたバージョンのインストールや、レポジトリのサブディレクトリからのインストールも可能です。記法は**remotes::install_github**関数に従います。https://remotes.r-lib.org/#usage

プロジェクトディレクトリの手軽な共有

　手元で動かしている分析プロジェクトを別の速いマシンで実行する場合、通常
は`renv::restore`関数を用いて共有先の端末に必要なパッケージを導入します。
しかし、オフライン環境の端末にUSBメモリ経由で渡す場合など、単純なディレ
クトリのコピーのみでプロジェクトディレクトリを運用できるようにしたい場合
もあります。

　renvパッケージはすべてのプロジェクトに必要なパッケージをキャッシュと
して集中管理しています。個々のプロジェクトはこのキャッシュに依存している
ので、プロジェクト単体で運用したい場合は、プロジェクトをこのキャッシュか
ら切り離す必要があります。これを実行する手順は以下の通りです[注5]。

1. `renv::isolate()`を実行して、renvパッケージが集中管理しているパッケージ
   のキャッシュをプロジェクトディレクトリにコピーする
2. `renv::setting$use.cache(FALSE)`を実行して、パッケージを追加インストー
   ルしてもキャッシュを生成せず、プロジェクトディレクトリに直接インストー
   ルする

　この方法でコピーしたキャッシュや変更した設定は、プロジェクトディレクト
リ下にあるrenvディレクトリ以下に保存されています。したがってプロジェクト
ディレクトリを共有すると、共有先でも同じバージョンのパッケージが利用でき、
追加パッケージもプロジェクトリディレクトリ内で管理できるようになります。

7-2
再現性の向上と再分析の高速化を図るために
Web上のデータをキャッシュ（pinsパッケージ）

　Webで公開されているデータの利用やスクレイピングにおいては、データの
再現性や処理の効率的な再実行の観点から以下のような課題が生じます。

注5　手順2を実行する代わりに、他の端末に環境をコピーする直前に毎回1を実行する手もあります。

- データが非公開になる場合に備えたい
- データの再ダウンロードを最小限にしたい
  - 相手サーバへの負荷を軽減したい
  - ダウンロード時間を短縮したい
  - でもデータの更新は追跡したい

　pinsパッケージを使うと、Web上のデータをキャッシュでき、キャッシュの更新が必要かどうかを更新の有無から自動判定できます。

Web上のデータのキャッシュ

　Web上のデータをローカルにキャッシュするには、**pins::board_url**関数と**pins::pin_download**関数を使います。**pins::board_url**関数で任意のURLをボードにピン止めしておき、**pins::pin_download**関数でボード上のピンを選びURLの内容を入手するイメージです。実際に以下の2例を見てみましょう。

- CSVファイルのダウンロード
- 複数ページの一括スクレイピング

　なお、キャッシュの可否はデータの配信方法に依存します。Hypertext Transfer Protocol（http）を用いたデータの転送にはETagやLast-Modifiedというしくみがあり、前回のダウンロードからファイルが更新されたか判定できます。しかし、サーバ側がこのしくみを利用していない場合、ユーザー側で更新の有無を判定できません。この場合はキャッシュせず通常のダウンロードと同等の動作をし、その旨がコンソールに表示されます。

　ただし、pinsパッケージでは執筆時点（2021年11月22日）で最新のバージョン1.0.0にバグがあり、キャッシュ無効時のファイルダウンロードに失敗することがあります。CRAN版の更新を待たずしてpinsパッケージを使う場合は、この問題を解決した開発版をご利用ください。**本書でも開発版を利用しています。**開発版の入手にはremotesパッケージを使います。

```
# pinsパッケージの開発版のインストール
install.packages("remotes")
remotes::install_github("rstudio/pins")
```

　本書で紹介するpinsパッケージの機能は一部に過ぎません。実際にはファイル
やR上で作成したオブジェクトの保存・復元・共有をも可能にします。保存先に
はローカルストレージに限らずAmazon S3などのクラウドストレージも選択で
きます。しかし、本書では紹介する機能をWeb上のデータのローカルストレージ
へのキャッシュ(保存) に限定しています。

CSVファイルのダウンロード

　pinsパッケージを使ってpalmerpenguinsデータセット[注6]のCSVファイルを
キャッシュし、readr::read_csv関数で読み込み、str関数でデータ構造を表示
します。

　まずはCSVファイルのURLをpenguins_csv変数に保存しましょう。ここで
は紙面の都合上、長いURLを2つの文字列に分割しておき、file.path関数を使っ
て「/」区切りでつないでいます。

```
# CSVファイルのURL
penguins_csv <- file.path(
  "https://raw.githubusercontent.com/allisonhorst",
  "palmerpenguins/master/inst/extdata/penguins.csv"
)
```

　次に、CSVファイルのURLをボードにピン留めしましょう。pins::board_
url関数にURLを与えますが、名前付きベクトルにしておく必要があります。こ
れにより、長くて覚えにくいURLの代わりにピンの名前を使えます。この例で
はpenguins_csvという名前のピンを1つだけ留めたボードを作成しますが、一
意となる名前を与えれば複数のURLを同時に扱えます。

注6　pelmerpenguinsデータセットは有名なirisデータセットを代替するデータ分析のサンプルデータセットです。
　　irisデータセットは配布元ごとにデータに若干の差異があり再現性を担保できない点などが問題視されています。
　　J. C. Bezdek, J. M. Keller, R. Krishnapuram, L. I. Kuncheva and N. R. Pal, "Will the real iris data please
　　stand up?, " in IEEE Transactions on Fuzzy Systems, vol. 7, no. 3, pp. 368-369, June 1999, doi:
　　10.1109/91.771092.

```
# キャッシュで管理したいURLに名前を付けたボードを作成
board <- pins::board_url(c(penguins_csv = penguins_csv))
```

　そして、作成したボードの中から、必要なピンの名前を指定して**pins::pin_donwload**関数を実行すると、指定したURLをダウンロードし、キャッシュします。**pins::pin_download**関数の返り値はキャッシュの保存先のパスです。キャッシュ先のディレクトリを変更するには、あらかじめ、**pins::board_url**関数に**cache**引数を指定してください。

```
# ボードの中から使いたいURLをダウンロード・キャッシュ
board %>% pins::pin_download("penguins_csv")
```

```
[1] "~/.cache/pins/url/d5d1ddd7f99f55dbc920c63f942804c0/penguins.csv"
```

　pins::pin_download関数の返り値はファイルパスなので、**readr::read_csv**関数などにパイプするとR上に読み込めます。pinsパッケージを使わずにURLからCSVファイルを読み込んだ場合と同じ結果が得られていることを確認してみてください。

```
# ボードの中から使いたいURLを読み込む
board %>%
  pins::pin_download("penguins_csv") %>%
  readr::read_csv(
    show_col_types = FALSE # 列の型の推測結果を非表示
  ) %>%
  str()
```

```
spec_tbl_df [344 × 8] (S3: spec_tbl_df/tbl_df/tbl/data.frame)
 $ species          : chr [1:344] "Adelie" "Adelie" "Adelie" "Adelie" ..
 $ island           : chr [1:344] "Torgersen" "Torgersen" "Torgersen"".
 $ bill_length_mm   : num [1:344] 39.1 39.5 40.3 NA 36.7 39.3 38.9 39...
 $ bill_depth_mm    : num [1:344] 18.7 17.4 18 NA 19.3 20.6 17.8 19.6 ..
 $ flipper_length_mm: num [1:344] 181 186 195 NA 193 190 181 195 193 1..
 $ body_mass_g      : num [1:344] 3750 3800 3250 NA 3450 ...
 $ sex              : chr [1:344] "male" "female" "female" NA ...
 $ year             : num [1:344] 2007 2007 2007 2007 2007 ...
 - attr(*, "spec")=
  .. cols(
  ..   species = col_character(),
  ..   island = col_character(),
  ..   bill_length_mm = col_double(),
```

7

```
  ..     bill_depth_mm = col_double(),
  ..     flipper_length_mm = col_double(),
  ..     body_mass_g = col_double(),
  ..     sex = col_character(),
  ..     year = col_double()
  ..   )
 - attr(*, "problems")=<externalptr>
```

　キャッシュはRを終了しても保存されたままです。したがって、同じコードを繰り返し実行しても、pinsパッケージは不要なファイルの再ダウンロードを避けてキャッシュを利用するので、ファイルの読み込みが高速化します。一方で、キャッシュを削除した場合やWeb上でファイルの更新が発生した場合は、再ダウンロードが必要と判断しキャッシュを更新してくれます。

キャッシュを利用した複数ページの一括スクレイピング

　6章でも解説したスクレイピングは、Webから情報を取得する便利な手段です。ただし、対象ページが増えるほどエラーや想定外の結果が生じる確率が高まります。例えばHTMLの表を抽出する場合、ページによってセルの結合方法が違う、数値が入っているはずのセルに文字列が入っているといった事態がありえます。ページ数が多いと、すべてのページに目を通すことは難しいので、一度スクレイピングしてみて、問題が発生するごとにスクリプトを修正する戦略が基本です。ただし、修正のたびに再ダウンロードすると、無駄に時間を消費しサーバに負荷をかけます。pinsパッケージのキャッシュ機能を使えばこの問題を簡単に回避できます。

　例えば6章では技術評論社の新刊情報を1ページから取得しました。実際には、複数ページを参照することでさらに多くの新刊情報を取得できます。一括で取得するスクリプトの開発手順は以下のようになるでしょう。

1. 1ページの情報を取得するスクリプトを書く・試す
2. 複数ページに対応するようスクリプトを一般化し、数ページで試す
3. 全ページを取得する

　手順2からはダウンロードしたい各ページのURLを自動生成する必要があります。ほとんどのWebサイトはURLの規則性をドキュメント化していないので、いくつかのページのURLを比較して予想することになります。予想がはずれるたびにスクリプトを更新・再実行すると、成功済みのURLにも繰り返しアクセスしてしまいます。このような事態を避けるため、pinsパッケージを導入してみましょう。

　今回は手順1を実施済みなので、手順2のためにURLの規則性を知るところから始めましょう。技術評論社の新刊書籍一覧ページにアクセスし、「次のページへ」ボタンを繰り返し押します。ページを経るごとにURLは以下のように変わります。

- https://gihyo.jp/book/list
- https://gihyo.jp/book/list?start=25
- https://gihyo.jp/book/list?start=50

　これは、2021年8月時点での結果で、本書をお読みいただいている時点では結果が違うかもしれません。読者のみなさんもお手元で一度ご確認いただくことをおすすめします。

　さて、いずれのページも **https://gihyo.jp/book/list** の部分は共通しています。ただし2ページめからは疑問符(**?**)に続けて **start=25** などと、関数でいうところの**引数=値**の組み合わせが追加されています。これはクエリ文字と呼ばれます[注7]。各ページをよく見ると、1ページあたりの本の冊数が25冊なので、**start**引数は何番めに新しい書籍から25冊を表示するか指定すると予想できます。また、2ページめの値が25なので、そこから25を引いて

- https://gihyo.jp/book/list?start=0

にアクセスしてみると、1ページめと同じ情報が表示されます。したがって、指定した値から25冊分の新刊書籍を一覧するURLは以下の関数で生成できます。

[注7]　URL上でクエリ文字列を複数記述する場合は、**?start=0&end=10** といった具合にアンパサンド(**&**)またはセミコロン(**;**)でつなぎます。

```
# URLを自動生成する関数
generate_book_info_url <- function(start = 1) {
  paste0("https://gihyo.jp/book/list?start=", start - 1)
}
```

　次に、URLを読み込み新刊情報を抜き出す**fetch_book_info**関数と、新刊情報からタイトルなどを抽出しデータフレーム化する**extract_book_info**関数を定義します。どちらも6章で登場したコードを改変したものです。

```
# magrittrパッケージからパイプ演算子を読み込み
`%>%` <- magrittr::`%>%`

# 技評の新刊情報を指定した番号から25冊分取得する関数
fetch_book_info <- function(url) {
  # pinの名前には`/`を使えないので`-`区切りにしておく
  name <- stringr::str_replace_all(url, "/", "-")

  # キャッシュ用にその場でボードを作成しつつダウンロード
  url %>%
    setNames(name) %>%
    pins::board_url() %>%
    pins::pin_download(name) %>%
    xml2::read_html() %>%
    rvest::html_elements(".data")
}

# 新刊情報を整理しデータフレーム化する関数
extract_book_info <- function(element) {
  c(
    title = "h3 a",
    author = ".author",
    price = ".price",
    publish_at = ".sellingdate"
  ) %>%
    purrr::map_dfc(function(x) {
      rvest::html_text(rvest::html_element(element, x))
    })
}
```

　6章では**fetch_book_info**関数を定義していませんでしたが、中のコードはほとんど同じです。URLを**xml2::read_html**に直接与えず、pinsパッケージによるキャッシュ化を挟んでいる点に注目してください。これにより、キャッシュが有

効になります[8]。

　extract_book_info 関数は6章で登場した同名の関数と同じ処理をしています。ただし、6章はスクレイピング方法を紹介していたため、似たコードをあえて繰り返していた部分がありました。これではコードを読み返したときに、各行の違いがどこか把握するのに時間がかかるかもしれません。また、修正が発生すると漏れなくすべての行を変更しなければなりません。このような手間を避けるため、本章では purrr::map_dfc 関数を使ってコードをシンプルにしています。この関数はベクトル（リストを含む）の要素ごとに関数を適用し、返り値をデータフレームの列として結合しています。第一引数がベクトル、第二引数が関数、返り値がデータフレームです。

　これまでに定義した generate_book_info_url、fetch_book_info、extract_book_info の3つの関数をパイプ演算子でつなぎ、任意のページの新刊情報をデータフレーム化する関数としてまとめてみましょう。そして、試しにいくつかのページをスクレイピングして、動作を確認してみましょう。ここでは2ページめに相当する、26冊めから50冊めまでの情報を取得します。

```
# 新刊情報の取得からデータフレーム化までを一括で行う関数
scrap_book_info <- function(start = 1) {
  start %>%
    generate_book_info_url() %>%
    fetch_book_info() %>%
    extract_book_info()
}

# 26冊めから50冊めまでの新刊情報を取得してみる
scrap_book_info(26)
```

```
# A tibble: 25 × 4
   title                author            price          publish_at
   <chr>                <chr>             <chr>          <chr>
 1 マンガと図解で今すぐ…  本田桂子　著       定価1,408円…   2021年9月1…
 2 素数ほどステキな数は… 小島寛之　著       定価2,420円…   2021年9月1…
 3 今すぐ使えるかんたん… リンクアップ　著    定価2,178円…   2021年9月1…
 4 図解即戦力化粧品業界… 廣瀬知砂子　著     定価1,650円…   2021年9月9…
 5 図解でわかるカーボン… 一般財団法人　エネル… 定価2,970円…   2021年9月8…
 6 ふつうのエンジニアは… 時光さや香　著     定価1,980円…   2021年9月4…
```

注8　実はこの例ではキャッシュが働きません。技術評論社の Web ページが ETag や Last-Modified といったコンテンツの更新状況を知らせる仕組みを導入していないためです。

```
 7 ゼロからはじめるau X… 技術評論社編集部　著　 定価1,738円… 2021年9月4…
 8 最短突破データサイエ… 菅由紀子, 佐伯諭, 高… 定価2,596円… 2021年9月4…
 9 図解即戦力Google Clo… 株式会社grasys, Googl… 定価2,728円… 2021年9月3…
10 Uber Eats ウーバーイ… 近藤寛　著　　　　　 定価1,650円… 2021年9月2…
# … with 15 more rows
```

　複数のページを連続してスクレイピングしデータフレームにまとめるには、purrr::map_dfr関数を使います。この関数はベクトル（リストを含む）の要素ごとに関数を適用し、関数の返り値（リストまたはデータフレーム）を、行方向に結合して1つのデータフレームをつくります。第一引数がベクトル、第二引数が関数、返り値がデータフレームです。extract_book_info関数の定義に登場したpurrr::map_dfc関数と名前も動作も似ていますが、関数名の末尾が「r」なら行（row）方向に、「c」なら列（column）方向に返り値を結合すると覚えましょう。

```
# 1から2ページ目の新刊情報を順に取得し、
# 1つのデータフレームにまとめる
purrr::map_dfr(c(1, 26), scrap_book_info)
```

```
# A tibble: 50 × 4
   title             author           price        publish_at
   <chr>             <chr>            <chr>        <chr>
 1 あっという間に完成！… 技術評論社編集部　 定価495円（… 2021年10月1…
 2 PowerPoint 「最強」資… 福元雅之　著　　　 定価2,970円… 2021年10月7…
 3 令和04年 ITパスポート… 原山麻美子　著　　 定価1,408円… 2021年10月4…
 4 ココが知りたかった！ … 飯島裕幸（山梨大学… 定価1,848円… 2021年10月2…
 5 例題で学ぶはじめての… 臼田昭司, 早川潔, … 定価3,168円… 2021年9月30…
 6 1日1問、半年以内に習… 上田隆一, 山田泰宏… 定価3,520円… 2021年9月27…
 7 はじめてのPower Autom… 株式会社ASAHI Accou… 定価2,508円… 2021年9月27…
 8 演習で身につける統計… 藤川浩　著　　　　 定価1,980円… 2021年9月27…
 9 目で見て体験！Kubern… 花井志生　著　　　 定価2,750円… 2021年9月27…
10 フリーランス＆個人事… 大村大次郎　著　　 定価1,738円… 2021年9月24…
# … with 40 more rows
```

　この方法で複数ページを一括でスクレイピングできるようになりましたが、必要なページ数を手動で指定する必要があります。必要なページ数も自動化するため、新刊書籍一覧のページをもう一度見てみましょう。すると、「次のページへ」ボタンの近くに、新刊情報が何冊分あるか括弧書きしてあります。この情報をスクレイピングして、n_books変数に保存しておきましょう。

```
# 新刊の冊数
n_books <- "https://gihyo.jp/book/list" %>%
  setNames("gihyo-book-list") %>%
  pins::board_url() %>%
  pins::pin_download("gihyo-book-list") %>%
  xml2::read_html() %>%
  rvest::html_element(".totalNum") %>%
  rvest::html_text() %>%
  stringr::str_extract("[0-9]+") %>%
  as.integer()
n_books
```

```
[1] 109
```

　先のpurrr::map_dfr(c(0, 25), scrap_book_info)におけるc(0, 25)の部
分を、1から109までの値を25刻みにしたベクトルに変更すれば、全新刊情報をデー
タフレーム化できます。

```
# 全新刊情報のデータフレーム化
book_info <- seq(1, n_books, 25) %>%
  purrr::map_dfr(scrap_book_info)

book_info
```

```
# A tibble: 109 × 4
   title                author              price        publish_at
   <chr>                <chr>               <chr>        <chr>
 1 あっという間に完成！…  技術評論社編集部  …  定価495円（…  2021年10月1…
 2 PowerPoint 「最強」資…  福元雅之　著        定価2,970円… 2021年10月7…
 3 令和04年 ITパスポート…  原山麻美子　著      定価1,408円… 2021年10月4…
 4 ココが知りたかった！ …  飯島裕幸（山梨大学…  定価1,848円… 2021年10月2…
 5 例題で学ぶはじめての…  臼田昭司，早川潔，…  定価3,168円… 2021年9月30…
 6 1日1問、半年以内に習…  上田隆一，山田泰宏…  定価3,520円… 2021年9月27…
 7 はじめてのPower Autom…  株式会社ASAHI Accou… 定価2,508円… 2021年9月27…
 8 演習で身につける統計…  藤川浩　著          定価1,980円… 2021年9月27…
 9 目で見て体験！ Kubern…  花井志生　著        定価2,750円… 2021年9月27…
10 フリーランス＆個人事…  大村大次郎　著      定価1,738円… 2021年9月24…
# … with 99 more rows
```

　今回の例はURLが単純で、各ページの構造も一貫しています。そのためコーディ
ングミスが起きにくく、キャッシュの恩恵もわずかかもしれません。実際には以
下のようなWebサイトが多く、スクレイピングの際にエラーの温床になります。

- 目的のページにたどりつく URL の予想が難しい
  - 例：クエリ文字列が複数必要だがどれがあるか不明
  - 例：クエリ文字列の名前の意味が不明
  - 例：クエリ文字列の値が複雑
- ページの構造に一貫性がない
  - 例：最初の100冊は定価を記載しているが、101冊めからは記載がない

　一度エラーが発生すれば、エラーが解消するまで何度も修正を試み、同じページをスクレイピングする必要が生じます[注9]。ページのダウンロードに時間を浪費せず、コーディングにかける時間を最大化するためにも、pins::pin関数を習慣的に使うといいでしょう。

■ キャッシュの整理

　キャッシュは便利ですがディスク容量を圧迫します。そこで、キャッシュの整理方法として、以下の2通りの方法を紹介します。

- 特定のキャッシュが不要になったときに削除する
- プロジェクトごとにキャッシュの保存先を変更し、プロジェクト終了時に一括削除する

特定のキャッシュの削除

　特定のピンのキャッシュが著しく巨大な場合、不要になった時点でキャッシュを削除するとディスク容量の節約につながります。そのためには、まずキャッシュの保存場所を知る必要があるので、pins::pin_meta関数を使って指定したピンのメタデータを入手しましょう。メタデータは階層的な名前付きリストで表現されており、local要素の中のdir要素がキャッシュの保存先ディレクトリの位置になっています。

```
# ボード上のピンのメタデータを表示
```

注9　筆者の経験では、気象庁から過去の気象情報をスクレイピングした際にこれらの問題に悩まされました。

```r
# ボードの作成とキャッシュ
board <- pins::board_url(c("penguins_csv" = penguins_csv))
cache <- pins::pin_download(board, "penguins_csv")
# ピンのメタデータの取得と表示
meta <- pins::pin_meta(board, "penguins_csv")
meta
```

```
List of 4
 $ type       : chr "file"
 $ file       : chr "penguins.csv"
 $ api_version: num 1
 $ local      :List of 4
  ..$ dir     : 'fs_path' chr "~/.cache/pins/url/d5d1ddd7f99f55dbc920"..
  ..$ url     : chr "https://raw.githubusercontent.com/allisonhorst/p"..
  ..$ version : NULL
  ..$ file_url: chr "https://raw.githubusercontent.com/allisonhorst/p"..
```

したがって、`meta$local$dir`でキャッシュ先ディレクトリを取り出すことができます。

```r
# キャッシュ先ディレクトリの表示
meta$local$dir
```

```
~/.cache/pins/url/d5d1ddd7f99f55dbc920c63f942804c0
```

`unlink`関数を使えばキャッシュを削除できます。

```r
# キャッシュ先ディレクトリの削除
unlink(
  meta$local$dir,
  recursive = TRUE # ディレクトリを中身ごと削除
)
```

プロジェクト単位でのキャッシュの管理と削除

キャッシュの保存先をプロジェクトディレクトリ内に変更しておくと、プロジェクト終了後にキャッシュの保存先を削除すれば、他のプロジェクトに影響することなくディスク容量を解放できます。キャッシュの保存先を変更するには、`pins::board_url`関数の`cache`引数に任意のディレクトリを指定します。例えば`tempdir()`を指定すれば、キャッシュ先が一時ディレクトリになります。

```
# キャッシュ先を一時ディレクトリに変更
pins::board_url(
  c("example" = "https://example.com"),
  cache = tempdir()
)
```

　プロジェクトディレクトリ内にキャッシュを保存する場合は**tempdir()**の代わりに、**.pins**などと指定してください。指定した名前のディレクトリが存在しなければ自動的に作成され、以降のキャッシュ先になります。そして、プロジェクトが完了してキャッシュが不要になれば、キャッシュディレクトリまたはプロジェクトディレクトリごと削除してディスク容量を解放できます。

　ところで、プロジェクト内で作業ディレクトリを変更する場合には、キャッシュ先の分散を避けるため、キャッシュ先にプロジェクトのトップディレクトリ直下にある**.pins**ディレクトリを指定するといった操作が要求されます。絶対パスを使ってキャッシュ先を指定する手もありますが、プロジェクトのトップディレクトリの名前や場所を変更した場合にキャッシュ先の更新が必要です。一方で相対パスを使ってキャッシュ先を指定すると、作業ディレクトリとプロジェクトのトップディレクトリの位置関係が変わるたびに、相対パスの更新が必要です。特にR Markdownを利用して分析を行う場合には、作業ディレクトリがRmdファイルの存在するディレクトリになるので、Rmdファイルの保存先を変えると、トップディレクトリとの位置関係が変わってしまいます。絶対パスでも相対パスでも、更新作業を忘れると、無駄にさまざまな場所でキャッシュを再取得してしまい、時間を浪費します。また、同じファイルをあちらこちらに保存することを意味するので、ディスク容量も無意味に消費します。

　このようなパス周りの問題の解決には、rprojrootパッケージの**find_rstudio_root_file**関数が便利です。RStudioで作成したプロジェクト内で作業していれば、プロジェクトのトップディレクトリ[注10]から相対的に見たパスの位置を**find_rstudio_root_file**関数に指定することで、絶対パスを得られます。例えば、**C:/project**がプロジェクトのトップディレクトリであれば、**rprojroot::find_rstudio_root_file(".pins")**は**C:/project/.pins**を返します。プロジェクト内のどのディレクトリが作業ディレクトリであっても返り値は変わりません。ま

注10　拡張子が**.Rproj**のファイルがあるディレクトリです。

た、プロジェクトディレクトリを**C:/awesome_project**に変更した場合は自動で
返り値が**C:/awesome_project/.pins**に変わります。

```
pins::board_register_local(
  cache = rprojroot::find_rstudio_root_file(".pins")
)
```

　Gitによるファイルのバージョン管理を行っていて、**.git**ディレクトリのあるディ
レクトリをプロジェクトのトップディレクトリにしたい場合はrprojrootパッケー
ジを使って以下のように記述できます。

```
pins::board_register_local(
  cache = rprojroot::find_root_file(
    ".pins",
    criterion = rprojroot::is_git_root
  )
)
```

7

7-3
パイプラインのメンテナンス (targets パッケージ)

　データ分析のパイプラインでは、データの入手から集計、可視化、レポーティ
ングなどのさまざまな場面で何度もコードを改善・修正し再実行します。ここで
大きく2点の問題が生じます。

1. 実行時間
   - すべて再実行すると安心だが、時間がかかる
   - 部分的に再実行すると高速だが、再実行に抜けが生じうる (2にも通じる)
2. メンテナンス性
   - コードに変更を加えると、影響範囲にも変更が必要か確認する作業が生じるが、
     確認漏れが起きる

targetsパッケージを使ってパイプラインを実行すると、各処理の結果のキャッシュや、処理同士の依存関係を管理してくれます。そして次のパイプライン実行時には、パイプラインの変更箇所を検知したうえでキャッシュ更新の要否を判定し、更新が必要な処理だけを実行してくれます。これにより変更の影響範囲だけを手早く実行でき、コードの改善・修正を効率化できます。さらに、処理の依存関係やキャッシュの更新の要否を可視化する機能があり、パイプライン上に加えた変更の影響範囲を簡単に俯瞰できます。

▌パイプラインの処理をキャッシュ

実行に時間がかかるパイプラインにおいて、再実行不要な処理はできるだけ再実行を避けたいところです。通常のスクリプトを書いているときでも、以下のような処置を加えることがあるかもしれません。

- 再実行が必要な処理を目で探して、局所的に再実行する
- パイプラインの中で特に時間がかかる処理を実行するか自動判定させ、実行時は結果を保存、実行しないときは過去の結果を読み込む

しかし、再実行が必要な処理の見落としや、再実行が必要な条件の漏れなどの可能性がつきまといます。慎重さを要求されるわりには分析結果の改善につながりにくい行動です。だからこそパッケージを利用して自動化させた方がいい部分と言えるでしょう。targetsパッケージは、パイプライン実行時に処理の依存関係とキャッシュの管理も自動実行してくれます。

ここでは車の燃費や性能に関するデータセット（mtcarsデータフレーム）から、以下の2つの処理を行うパイプラインを例に挙げます。

1. オートマ車の燃費と車重の情報を取り出す
2. 統計量などの要約を行う[注11]

注11　データの要約にはskimrパッケージのskim関数を使いました。R標準のsummary関数が最小値、第一四分位数、中央値、平均値、第二四分位数、最大値を計算するのに加えて、skimr::skim関数は欠損値の量や割合、標準偏差、ヒストグラムといった情報を追加してくれます。また、summary関数と異なり、skimr::skim関数結果がデータフレームであるため、燃費（mpg列）の平均値を取り出すといった操作もdplyrパッケージを使って簡単にできます（at_cars_summary %>% filter(skim_variable == "mpg") %>% pull(numeric.mean)）。ただし、print関数で表示した結果と実際の列名が一部異なるので、colnames(at_cars_summary)で列名を確認しておくといいでしょう。

　処理内容としてはデータの要約に**skimr::skim**関数を使っている点を除けば、本書をここまで読み進めた方にとって目新しい部分はないでしょう。イメージしやすいように従来的なスクリプトによるパイプラインを紹介したうえで、targetsパッケージを使った実装に書き換えてみます。

```
# targetsパッケージを使わない分析の例
# 通常のコード

# パッケージの読み込み
library(dplyr)
library(skimr)

# 処理の記述
## mtcarsからオートマ (AT) 車の燃費と車重を抽出
at_cars_data <- mtcars %>% filter(am == 1) %>% select(mpg, wt)

## データの要約 (skimr::skim関数を利用)
at_cars_summary <- skim(at_cars_data)

# 結果の表示 (省略)
print(at_cars_summary)
```

　上述のスクリプトをtargetsパッケージを使って再実装するには、結果の表示以外の部分を独立したファイルに記述しパイプラインの設計図とする必要があります。そしてパイプラインの実行や結果の読み込みは別のファイルかコンソールから行います。では実際の手順を紹介します。

パイプラインの設計

　targetsパッケージを使ったパイプラインの設計は、以下の手順で**_targets.R**ファイルに記述します[注12]。

1. **library**関数でtargetsパッケージを読み込む
2. 他のパッケージは**targets::tar_option_set**関数の**packages**引数に指定して

注12　**_targets.R**以外のファイルを使う場合は、**targets::tar_config_set**関数の**script**引数にファイル名を指定してください (例：**targets::tar_config_set(script="original_target_name.R")**)。その後、**targets:: tar_make()**関数 (後述) を使うと指定したスクリプトに対し処理を実行できます。

読み込む[注13]

3. 各処理は**targets::tar_target**関数で記述し、**list**関数で1つのリストにまとめる

  ○ スクリプトはこのリストで終わらせる

  ○ **targets::tar_target**関数の第一引数（**name**）で処理に名前を付け[注14]、第二引数（**command**）に処理内容をコーディングする。

　通常のスクリプトでは変数への代入が処理の名付けに相当します。例えば**lm**関数による回帰分析の結果を**regression**変数に代入します。**targets**パッケージでは**tar_target**関数の第一引数で処理に名前を付け、第二引数に処理の内容を記述します。すなわち**targets::tar_target(data, head(mtcars))**は、通常のスクリプトにおける**data <- head(mtcars)**に相当します。**targets**パッケージは各処理の名前と内容を利用して処理間の依存関係を管理し、キャッシュの更新の必要性や変更した処理の影響範囲の把握を可能にします。

　実際に**mtcars**データフレームを分析したスクリプトにおける「結果の表示」以外の部分を、**targets**パッケージを使って実装すると以下のようになります。各処理を定義する**tar_target**関数では、第一引数で処理に固有の名前を付け、第二引数に処理の内容を記述します。処理の名前は通常のスクリプトにおける変数名に相当し、後続の処理で変数として利用できる点に注目してください。ここでは、1つめの処理に「**at_cars_data**」という名前を付け、2つめの処理で**skim(at_cars_data)**として1つめの処理の結果を**skimr::skim**関数に与えています。また、「処理に固有の名前を付け」と書いた通り、名前が他の処理や関数、変数の名前と重複するとエラーになります。tidyverse系のパッケージを使ってデータフレームの列名を変数名のように扱う場合は、その列名との重複も許されません。例えば2つめの処理の名前を**at_cars_data**や**filter**や**mpg**にするとエラーが生じます。

注13　パッケージのバージョンアップによってパイプラインの実行結果が変わることを避けるため、renvパッケージによるパッケージのバージョン管理を並行して使用することをおすすめします。また、**library**関数でパッケージを読み込んでも問題ありませんが、**targets::tar_option_set**関数の方が高速に動作する設計になっています。**library**関数は実行した時点でパッケージを読み込みます。一方で**targets::tar_option_set**関数の**packages**引数に指定したパッケージは処理の実行に**必要になったとき**に読み込むので、余計なパッケージの読み込みを回避できます。

注14　ランダムに結果が変わりうる処理では、実行するたびに結果が変わらないよう、疑似乱数のシードの固定が求められます。targetsパッケージでは処理の名前をもとに自動で乱数のシードを固定するため、ユーザーの負担が減ります。処理の名前は重複できないので、シードが重複する心配もありません。

```r
# targetsパッケージを使った分析処理の記述
# _targets.R

library(targets)
# パッケージの読み込み
tar_option_set(packages = c("dplyr", "skimr"))

# 処理の記述
list(
  ## mtcarsからオートマ（AT）車の燃費と車重を抽出
  tar_target(
    at_cars_data,
    mtcars %>% filter(am == 1) %>% select(mpg, wt)
  ),
  ## データの要約（skimr::skim関数を利用）
  tar_target(at_cars_summary, skim(at_cars_data))
)
```

　なお、このスクリプトはあくまでパイプラインの設計図です。スクリプトをコンソールにコピー＆ペーストしたり source関数で読み込んだりしても、設計図を読んでいるだけで実行できません。実行は次に説明する **targets::tar_make**関数などが担います。

パイプラインの実行

　設計したパイプラインの実行には **targets::tar_make**関数を使います[注15]。実行すると、パイプライン上のどの処理を始めたか（start）、完了したか（built）といった状況が表示されます。

```r
# パイプラインの実行
targets::tar_make()
```

```
start target at_cars_data
built target at_cars_data
start target at_cars_summary
built target at_cars_summary
end pipeline
```

　targets::tar_make関数はパイプラインを設計したファイル（デフォルトでは

[注15]　パイプライン上の処理を並列・分散して高速化したい場合は、**targets::tar_make**関数の代わりに **targets::tar_make_future**関数や **targets::tar_make_clustermq**関数が用意されています。詳しくは targetsパッケージのドキュメントの10章「High-performance computing」を参照してください。https:// books.ropensci.org/targets/hpc.html _targets.R）とは別のファイルかコンソール上で使ってください。パイプラインを任意のファイルに設計する場合は、スクリプトのファイルパスを**targets::tar_make**関数の**script**引数に指定してください。

　完了した処理の結果は自動的にキャッシュされます[注16]。**targets::tar_make**関数はキャッシュ済みの処理を自動スキップ（skip）する機能があり、これにより同じ処理の繰り返しを省略し、パイプライン全体の実行時間を短縮します。

```
# パイプラインの再実行
targets::tar_make()
```

```
✓  skip target at_cars_data
✓  skip target at_cars_summary
✓  skip pipeline
```

　パイプライン上の処理を追加・変更した場合は、どの処理の実行が必要か自動で判断し、所要時間を最小限に抑えてくれます。例えば回帰分析を計画に追加してみましょう。処理の名前は「at_cars_regression」とします。

```
# targetsパッケージを使った分析処理の記述
# _targets.R

library(targets)

# パッケージの読み込み
tar_option_set(packages = c("dplyr", "skimr"))
# 処理の記述
list(
  ## mtcarsからオートマ（AT）車の燃費と車重を抽出
  tar_target(
    at_cars_data,
    mtcars %>% filter(am == 1) %>% select(mpg, wt)
  ),
  ## データの要約（skimr::skim関数を利用）
  tar_target(at_cars_summary, skim(at_cars_data)),
  ## 回帰分析
  tar_target(at_cars_regression, lm(mpg ~ ., data = at_cars_data))
)
```

注16　キャッシュの保存先はデフォルトでは_targets ディレクトリです。キャッシュの保存先に_targets 以外のディレクトリを使う場合は、処理を実行するスクリプトで**targets::tar_make**関数などを実行する前に、**targets::tar_config_set**関数の**store**引数にディレクトリ名を指定してください（例：**targets::tar_config_set(store="original_cache_directory")**）。

　あらためてパイプラインを実行すると、実行済みの処理はスキップされ、「at_cars_regression」という処理だけが実行されました。

```
# パイプラインの再実行
targets::tar_make()
```

```
✓ skip target at_cars_data
  start target at_cars_regression
  built target at_cars_regression
✓ skip target at_cars_summary
  end pipeline
```

　このように、**targets::tar_make**関数は、実行が必要な処理を自動判定するので、パイプライン設計の効率的な試行錯誤が可能になります。

結果の読み込み

　パイプラインの実行後、特定の処理の結果に対して次のような処理を追加したいことがあります。

- 期待通りの値になっているか確認したい
- さらに追加して分析・集計を行いたい

　通常のスクリプトであれば、どの処理の結果があとで必要になるか考え、適宜保存しておく必要があります。一方でtargetsパッケージではパイプライン上のすべての処理の実行結果がキャッシュされているので、ユーザーは自ら保存用のコードを書く必要はなく、キャッシュを読み込めば済みます[注17]。キャッシュの読み込みには**targets::tar_read**関数に必要な処理の名前を指定してください。処理の名前は**targets::tar_target**関数の第一引数に指定したものです。例えば、mtcarsデータフレームからオートマ車のmpg列とwt列だけを抽出する処理は「at_cars_data」と名付けていました。その結果を読み込み、**str**関数でデータ構造を確認してみましょう。

注17　たとえパイプラインの途中でエラーが発生したとしても、エラー直前までの成功した処理の結果は読み込めます。エラーの原因が他の処理の結果にある場合、怪しい処理の結果を読み込んで値を確認すると簡易的なデバッグができて便利です。さらに高度なデバッグが必要な場合は公式ドキュメントの「Debugging」の章を参考にしてください。https://books.ropensci.org/targets/debugging.html

```
# targetsパッケージによる処理の実行結果の読み込み
str(targets::tar_read(at_cars_data))
```

```
'data.frame':    13 obs. of  2 variables:
 $ mpg: num  21 21 22.8 32.4 30.4 33.9 27.3 26 30.4 15.8 ...
 $ wt : num  2.62 2.88 2.32 2.2 1.61 ...
```

　読み込んだ結果は変数に代入して再利用できます[注18]。例として、同じく「at_cars_data」の結果を読み込み、wt列（車重）とmpg列（燃費）を散布図にして比較してみましょう（図7.1）。

```
# targetsパッケージによる処理の実行結果の読み込みと利用

# 読み込み
at_cars_data <- targets::tar_read(at_cars_data)

# 可視化
ggplot2::ggplot(at_cars_data) +
  ggplot2::aes(wt, mpg) +
  ggplot2::geom_point() +
  ggplot2::theme_minimal()
```

図7.1　targetsパッケージによる処理の実行結果を読み込みggplot2パッケージを使って可視化した例

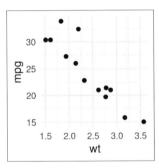

注18　targets::tar_load関数を使うと結果を自動的に変数化できます。このとき変数名は処理の名前になります。また、dplyr::select関数と同様に複数の処理を選択し、同時に変数化できるので、複数の処理の結果が同時に必要な場合に便利です（c("at_cars_data", "at_cars_summary")、starts_with("at_cars")、everything()など）。例えば、複数のモデルで回帰分析したときに、すべてのモデルを一度に読み込み比較するといった用途があるでしょう。読み込みの際、ユーザーが自身で定義した変数と名前が重複すると、変数を上書きしてしまうので注意して使ってください。

　結果の保存と読み込みを targets パッケージのキャッシュまかせにすると、ユーザーは結果の保存先を考えずに済み[注19]、結果を保存するコードも省略できます。また、ファイル名を間違えて異なる処理の結果を同じファイル名で保存してしまうような事故も防げます。targets パッケージの使い方を覚える必要こそあるものの、補って余りある効率化を実現できます。

処理の依存関係を可視化

　一般にコードに変更を加えると、その影響範囲の確認が必要になります。例えばデータフレームの列名を変更したときに、その列を使ったグラフがあれば、グラフが使う列名も更新が必要です。また、変更した結果を逐次実行しながら試していく場合は、影響範囲をすべて再実行します。しかしコードが長くなるとともに、丹念にコードを読んだつもりでも変更の影響範囲を見落とす危険が増します。

　この問題に対し、targets パッケージは処理ごとの依存関係と、処理の実行状況を有向非巡回グラフとして可視化する **targets::tar_visnetwork** 関数を提供しています[注20]。試しに mtcars データフレームの分析パイプライン (**_targets.R**) を可視化してみましょう (図7.2)。各処理を表す●の下には **targets::tar_target** 関数の第一引数で決めた処理の名前が表示されています。今回はすべての処理が「Up to date (実施済み)」状態を示す●で表現されています。この状態の処理はパイプライン再実行時にスキップされます。また、処理の依存関係が矢印で記述されており、「at_cars_regression」と「at_cars_summary」はともに「at_cars_data」に依存しているとわかります。

```
targets::tar_visnetwork()
```

注19　キャッシュの保存先はデフォルトでは _targets/objects ディレクトリの中で、処理の名前 (targets::tar_target 関数の第一引数に指定した値) がファイル名になっています。親ディレクトリを _targets から変更するには、tar_make 関数や tar_read 関数を実行する前に targets::tar_option_set 関数の store 引数にディレクトリパスを指定してください (例: targets::tar_option_set(store = "origina_cache_location"))。

注20　コードの依存関係のみを知りたく、どこが実行済みか知る必要がない場合には targets::tar_glimpse 関数の方が高速です。

図7.2　targetsパッケージを使って記述したパイプラインの可視化。実行済みのパイプラインなので、各処理は「Up to date」を示す●で表示されている。●の直下には**targets::tar_target**関数の第一引数に指定した処理の名前が表示されている

　このパイプラインの「at_cars_data」処理では、mtcarsデータフレームからam列が1の行を抽出し、mpg列とwt列だけを選択していました。「at_cars_summary」処理で他の列の値も要約したくなったので、「at_cars_data」処理で列選択をやめたとしましょう（%>% select(mpg, wt)を削除）。そのうえで処理の流れを可視化するとどうなるでしょうか。

```
# targetsパッケージを使った分析処理の記述
# _targets.R

library(targets)

# パッケージの読み込み
tar_option_set(packages = c("dplyr", "skimr"))

# 処理の記述
list(
  ## mtcarsからオートマ (AT) 車の燃費と車重を抽出
  tar_target(at_cars_data, mtcars %>% filter(am == 1)),
  ## データの要約 (skimr::skim関数を利用)
  tar_target(at_cars_summary, skim(at_cars_data)),
  ## 回帰分析
  tar_target(at_cars_regression, lm(mpg ~ ., data = at_cars_data))
)
```

　上記のようにパイプラインを変更したうえで処理の流れを可視化すると、変更を加えた「at_cars_data」処理と、この処理に依存する各処理が「Outdated（期限切れ・未実行）」状態を示す●で表示されます（図7.3）。

```
targets::tar_visnetwork()
```

図7.3　targetsパッケージを使って記述したパイプラインの可視化。パイプラインに変更を加え
たため、再実行しキャッシュの更新が必要な処理が「Outdated」状態な●で表示される

　今回はシンプルなパイプラインなので、一箇所の変更ですべての処理が
「Outdated」状態になってしまいました。複雑なパイプラインでは変更の影響範囲
が全体に及ぶとは限らず、一部だけが「Outdated」状態になることもあります。
いずれにせよ、どこが「Outdated」状態になったかを見ることで、変更の影響範
囲を把握でき、どこに追加で変更が必要か検討しやすくなります。今回であれば、
「at_cars_regression」処理で回帰のモデル式に`mpg ~ .`を指定しており、`data`引
数に指定したmtcarsデータフレームを用いて、`mpg`列の値を目的変数、残りの
列を説明変数として回帰しています。もともと「at_cars_data」処理はmtcarsデー
タフレームからmpg列とwt列だけを選択していたので、パイプラインの変更に
より説明変数が増えてしまいました。以前と同じ結果が必要であればモデル式を
`mpg ~ wt`に変更する必要があります。

ファイルの入出力の管理

　これまでの例では、Rに組み込みのデータフレーム（mtcars）を分析し、結果
をR上で確認していました。しかし、現実のデータ分析においては

- データをCSVファイルで入力したい
- グラフをPNG画像で出力したい

といった外部ファイルの入出力に依存したパイプラインがたびたび発生します。
targetsパッケージのように処理をキャッシュしている場合は、入力データの更
新に応じて、入力データに依存する処理のキャッシュも更新が必要です。また、
なんらかの原因で出力データを移動・削除してしまった場合には、データを再出

力してユーザが確実にアクセスできる状態に回復したいところです。それから、入出力したファイルがどこにあるかわからなくなった場合に備え、コードを読み返さずとも知る術があると安心です。特にファイル名をコードが生成していて、タイムスタンプなどを付けた場合などには、コードを読み返してもすぐにファイルの保存場所がわかるとは限りません。

　このような問題に対し、targetsパッケージは外部ファイルとの依存関係を管理する方法を提供しています。利用するには、外部ファイルに依存する処理において、**targets::tar_target**関数の処理の結果が対象のファイルのパスになるように記述し、追加で引数に**format = "file"**を指定します[注21]。例として、mtcarsデータフレームをCSVファイルから読み取り、ggplot2パッケージを使ってwt列（車重）とmpg列（燃費）を比較した散布図をPNGファイルに保存するパイプラインを作成してみましょう。

```r
# 外部ファイルに依存したパイプラインの例
# _targets.R

library(targets)

# 関数定義
ggsave2 <- function(filename, plot, ...) {
  ggplot2::ggsave(
    filename, plot,
    ... # 可変長引数をggsave2から引き継ぎ
  )
  filename
}

# 処理の記述
list(
  ## CSVファイルのパス
  tar_target(
    mtcars_csv,
    system.file(package = "readr", "extdata", "mtcars.csv"),
    format = "file"
  ),
```

注21 targetsパッケージは**tar_target**関数のようにパイプラインを構成する汎用的な関数を提供していますが、tarchetypesパッケージは特定の目的に合わせてtargetsパッケージの関数をカスタムした関数を提供しています。例えば**tarchetypes::tar_file**関数は、**targets::tar_target**関数のformat引数を"file"に固定したものに相当します。tarchetypesパッケージを使えば、引数の指定を減らせるうえに関数名を見れば「外部ファイルとの依存関係を解決する処理だ」などとわかるメリットがあります。一方で覚える関数が増えるので、まずはtargetsパッケージ単体での運用に慣れてから、便利そうな関数を探してみるといいでしょう。

```
## CSVファイルの読み込み
tar_target(
  mtcars_df,
  readr::read_csv(mtcars_csv, show_col_types = FALSE)
),
## 散布図の作成
tar_target(
  mtcars_scatter_gg,
  ggplot2::ggplot(mtcars_df) +
    ggplot2::aes(wt, mpg) +
    ggplot2::geom_point()
),
## 散布図を画像として保存
tar_target(
  mtcars_scatter_png,
  ggsave2("mtcars_wt_vs_mpg.png", mtcars_scatter_gg),
  format = "file"
)
)
```

7

　このパイプラインでは、CSVファイルを入力するために「mtcars_csv」という
処理の結果をCSVファイルのパスとし、**targets::tar_taget**関数の引数に
format = "file"を指定しています[注22]。また、PNGファイルを出力するために、
「mtcars_scatter_png」という処理の中で図をmtcars_wt_vs_mpg.pngファイルに
保存し、そのファイル名を処理の結果としています。出力にあたって**ggsave2**と
いう関数を処理の記述の直前に定義しているところに注目してください。
ggplot2パッケージで作成したグラフの保存には**ggplot2::ggsave**関数を使いま
すが、この関数の返り値は**NULL**です。targetsパッケージでは外部ファイルに依
存する処理に対して結果をファイル名にする必要があります。そこで**ggsave2**
関数を定義し、内部で**ggplot2::ggsave**関数を実行したうえでファイル名
（**filename**引数の値）を返しています[注23]。

　外部ファイルとの依存関係を含めてパイプラインを設計したので、targetsパッ

[注22]　今回はreadrパッケージに同梱されているCSVファイルを利用するため、**system.file(package="readr",
"extdata", "mtcars.csv")**として、readrパッケージをインストールしたディレクトリの中にある**extdata/
mtcars.csv**ファイルのパスを取得しました。

[注23]　ggsave2関数の**...**引数はRのヘルプでは「dots」と呼ばれ、俗には可変長引数、dot-dot-dot (三連ドット)、
ellipsis (省略記号) などと呼ばれます。可変長引数の俗称が示唆する通り、ggsave2関数には**filename**引数
や**plot**引数以外にも複数の引数を指定でき、それらは関数内部で使う他の関数に引き継げます。ここでは
ggsave関数に引き継いでいるので、例えばggsave2関数に**width = 10**を指定すると、ggsave関数に**width
= 10**を指定したことになり、保存される図の幅が10インチになります。dotsのヘルプを参照するには
help("...")や**help("dots")**を実行してください。

ケージは外部ファイルの変化を検知できます。例えばパイプライン実行後に出力
したPNGファイルを削除して、パイプラインを可視化してみましょう（図7.4）。
PNGファイルの再出力が必要になるので、該当する処理の「mtcars_scatter_
png」は再実行が必要な「Outdated」状態になっています。

```
# パイプラインが依存する外部ファイルの変化を検知する

## パイプライン実行
targets::tar_make()
## 出力ファイル削除
unlink(targets::tar_read(mtcars_scatter_png))
## パイプライン可視化
targets::tar_visnetwork()
```

図7.4　targetsパッケージを使って設計したパイプラインの可視化。外部ファイルに依存する処理がある場合、パイプライン実行後に外部ファイルに変更を加えると、該当する処理が「Outdated」状態になる

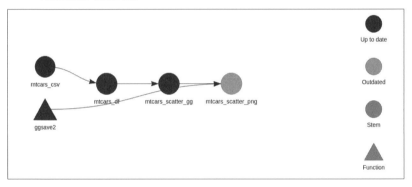

　ところで、パイプラインの可視化結果を見ると、これまでの可視化には登場し
なかった▲記号が登場します。凡例の通り、これはパイプラインが**ggsave2**とい
う関数に依存していることを示します。targetsパッケージは自作関数との依存
関係も解決してくれるので、**ggsave2**関数に変更を加えると[注24]、この関数に依存
する「mtcars_scatter_png」処理は「Outdated」状態になります。

注24　例えば**targets::tar_make**関数を実行したうえで、**ggsave2**関数の返り値を**filename**から**normalizePath**
（**filename**）に書き換えてみましょう。書き換え前はユーザーが**filename**引数に指定した値に応じて返り値が
相対パスか絶対パスか決まっていました。**normalizePath**関数を適用すると返り値は強制的に絶対パスになり
ます。

　ここではパイプラインを使ってローカルディスク上の外部ファイルを管理する
方法を紹介しました。現実にはWeb上のファイルをダウンロードして使いたい
場合や、Web APIのレスポンスを利用したい場合もあるでしょう。このような
場合は、以下のように第二引数の値をURL、**format**引数の値を**"url"**とする処
理を記述するのが基本です。

```
# URLに依存する処理の書き方
targets::tar_target(
  url,
  "https://example.com",
  format = "url"
)
```

　上述の「url」の処理自体は、指定したURLの更新の有無を判定するだけで、ダ
ウンロードなどの処理は行いません。URLをCSVファイルやHTMLファイル、
APIレスポンスとして読み込む、ダウンロードして保存するなどしてください。

```
# HTMLファイルとして読み込み
targets::tar_target(html, xml2::read_html(url))

# APIレスポンスとして読み込み
targets::tar_target(response, httr::GET(url))

# CSVファイルとして読み込み
targets::tar_target(
  csv,
  readr::read_csv(url, show_col_types = FALSE)
)

# ダウンロードして保存
targets::tar_target(download, pins::pin(url), format = "file")
```

7

スクリプトの定期実行

　定型的な分析を定期的に行いたい場合は、Windows なら taskscheduleR パッケージを、macOS や Linux などの Unix 系 OS なら cronR パッケージを使います。どちらのパッケージも簡単に設定できるよう GUI[注25] を提供しているので、本書では GUI を用いた方法を紹介します。もちろんスケジュールの作成・削除・一覧などは関数を用いて行うこともできます（表7.1）。

表7.1　taskscheduleR パッケージと cronR パッケージにおけるスケジュールを作成・削除・一覧するための関数。

目的	taskscheduleR	cronR
スケジュール作成	taskscheduler_create	cron_add
スケジュール削除	taskscheduler_delete	cron_rm
スケジュール一覧	taskscheduler_ls	cron_ls

　設定画面を起動するには、RStudio の「Addins」メニューから該当するアドインを検索・起動します。Windows ユーザーなら「taskscheduleR」を検索し「Schedule R scripts on Windows」を選択します（図7.5）。macOS や Linux のユーザーなら「cronR」と検索し「Schedule R scripts on Linux/Unix」を選択します。

　設定画面には定期実行したい R ファイルと頻度を指定します（taskscheduleR パッケージなら図7.6、cronR なら図7.7を参照）。処理の登録手順で押さえておくべきところは表7.2の5項目です。

表7.2　taskscheduleR パッケージや cronR パッケージに処理を登録するときの主要な設定項目。実際の画面では設定項目の並び順が異なる点に注意

手順	taskscheduleR	cronR	やること
1	Choose Your Rscript	Selected Rscript	実行したい R ファイルを指定する
2	Rscript Repo	Rscript repository path	1 で指定した R ファイルの保存場所を指定する。多くの場合、元の R ファイルの場所
3	Schedule	Schedule	実行頻度を指定する。試すなら「ONCE」
4	Start Date	Launch date	開始日を指定する
5	Hour Start	Launch Hour	開始時間を指定する

図7.5　RStudio では Addins メニューから taskscheduleR パッケージを使うとパッケージの GUI を起動できる

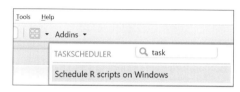

図7.6　taskscheduleR の RStudio アドインを利用して、タスクスケジューラに R スクリプトの定期実行を登録する画面

図7.7 cronRパッケージのRStudioアドインを利用して、cronにRスクリプトの定期実行を登録する画面

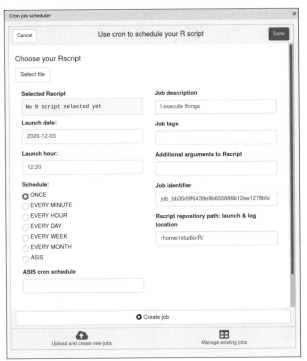

　登録済みの処理の削除は、設定画面右下の「Stop or Delete」(taskscheduleRパッケージ) や「Manage existing jobs」(cronRパッケージ) から実行できます。taskscheduleRパッケージの場合、頻度を変更する場合は再登録が必要な点に注意してください。一方でcronRパッケージの場合は、タスクの内容をファイルに保存しておくことができます。ファイルを編集して読み込み直せば頻度も変更できます。

7-5
応用：Rに関する新刊情報の通知

　本章で培った技術の応用例として、Rに関する技術評論社の新刊情報を取得し、

Slackに通知してみましょう。さらにこれを定期実行し、自動的に新刊情報を入手できるようにします。

■ Rファイルの用意

まずは「Rに関する技術評論社の新刊情報を取得し、Slackに通知」の部分を行うRファイルを用意しましょう。ここではpinsパッケージを用いてデータをキャッシュし、処理を効率化します。

新刊情報のスクレイピング

新刊情報のスクレイピングには、pinsパッケージによるキャッシュを利用して効率化します。基本は「キャッシュを利用した複数ページの一括スクレイピング」で紹介したスクリプトの通りですが、以下の2つの操作を追加しましょう。

- タイトルに「R」か「RStudio」が含む新刊のみ抽出する
- 通知済みの新刊を除外する

先のスクリプトを実行済みであれば、新刊情報は**book_info**変数にデータフレームとして保存されています。したがって**dplyr::filter**関数を使えば、タイトルに「R」か「RStudio」が含む新刊のみを抽出できます。ただし、「R」はキーワードとして単純なため、単純にマッチさせると「React」などの文字列を含む新刊を抽出してしまいます。そこで、キーワードの前後に他のアルファベットがあるものを除外するように、否定先読み（**(?!パターン)**）や否定後読み（**(?>!パターン)**）といったやや高等な正規表現を使っています。

```
# タイトルにRまたはRStudioを含む書籍を抽出
# キーワードの前後に他のアルファベットがあるものは除外
r_book_info <- book_info %>%
  dplyr::filter(
    stringr::str_detect(
      title, "(?<![a-zA-Z])R(Studio)?(?![a-zA-Z])"
    )
  )
```

r_book_info変数内の書籍情報は、過去に通知済みかもしれません。そこで

過去の書籍情報をr_book_info.RDSファイルに保存しておき[注26]、最新情報との差分を調べ、**new_r_book_info**変数に保存しましょう。さらにr_book_info.RDSファイルを更新しておきます。差分の取得は**dplyr::anti_join**関数が便利です。この関数は**x**引数と**y**引数に与えた2つのデータフレームを、**by**引数に与えた列名で比較し、**x**の行の中から**y**に含まれないものを返します。また、初回実行時などr_book_info.RDSファイルが存在しないときのため、**file.exists**関数を使ってファイルの有無を調べ、ファイルがない場合は**r_book_info**変数の中身をそのままr_book_info.RDSファイルに保存します。

```
# 通知済みの新刊情報を削除し
# new_r_book_info変数とr_book_info.RDSファイルに保存

rds <- "r_book_info.RDS"
new_r_book_info <- if (file.exists(rds)) {
  r_book_info %>%
    dplyr::anti_join(
      readRDS(rds),
      by = names(r_book_info)
    )
} else {
  r_book_info
}

saveRDS(new_r_book_info, rds)
```

Slackに通知

　次にSlackへの通知内容を考えてみましょう。**new_r_book_info**変数はデータフレームなので、Slackに直接表示するには向きません。タイトル、著者、価格、発売日の情報がありますが、ここで簡略化してタイトルだけを通知することにしましょう。お好みで、文字列を操作して、各項目を組み合わせてください。スクレイピング方法を工夫すると、書籍へのリンクを取得し通知することもできます。

注26　RDSファイルはRのオブジェクト（数値やデータフレームなど）をバイナリ化したものです。バイナリ化しておくことで、CSV形式と違い列の型情報を保存できます。新刊情報がないとデータフレームが0行になり、列の値から型情報を推定することが難しくなるため、RDS形式を採用しました。ちなみに0行のデータフレームをCSV化し、読み込むと、すべての列がlogical型になります。**dplyr::anti_join**関数でデータフレーム間の列を比較する場合、対応する列同士の型が等しい必要があり、型情報を失うCSV形式は適しません。

```
slack_message <- if (nrow(new_r_book_info) == 0L) {
  "新刊ないよ"
} else {
  paste(paste("*", new_r_book_info$title), collapse = "\n")
}
```

　いよいよSlackへ通知します。通知のためにはincoming webhookという機能を利用するので、「SlackでのIncoming Webhookの利用」[注27]にしたがって、incoming webhook用のURLを取得してください。URL発行に際しては、この機能を利用してどのチャンネルに投稿したいか尋ねられます。しかし、同じURLを使って任意のチャンネルに投稿できるので、とりあえず「general」チャンネルを選択すれば十分です。

　Incoming webhook用のURLを発行したら、httrパッケージを使って投稿します。

```
httr::POST(
  url = "{{incoming_webhookで発行したURL}}",
  encode = "json",
  body = list(
    channel = "#general",
    icon_emoji = ":book:",
    username = "R新刊情報",
    text = slack_message,
  )
)
```

　以上の流れを1つのRファイルに記述してください。ファイル名は仮にnotify_r_books.Rとします。

■ パッケージのバージョン固定

　notify_r_books.Rファイルが問題なく実行できることを確認したら、パッケージのバージョンを固定しておきましょう。

```
# renvパッケージによるパッケージバージョンの固定
renv::init()
renv::snapshot()
```

注27　https://slack.com/intl/ja-jp/help/articles/115005265063-Slack-での-Incoming-Webhook-の利用

▌定期実行

　定期実行の設定はすでに紹介した通り、アドインの利用が便利です。一方でコード化しておくと再現性が高いので、ここでは毎月1日朝8時に定期実行を登録するコードの例を記載します。

　Windowsユーザーは**taskscheduleR::taskscheduler_create**関数を使って定期実行したい処理を追加します。実行したいRファイルは**rscript**引数に絶対パスで指定します。相対パスを絶対パス化するには**normalizePath**関数を使いましょう。

```
# taskscheduleRパッケージによる定期実行
taskscheduleR::taskscheduler_create(
  rscript = normalizePath("notify_r_books.R"),
  schedule = "MONTHLY",
  starttime = "08:00",      # 午前8時
  startdate = "01/01/2020" # 2020年1月1日
)
```

　macOSやLinuxなどのUnix系OSのユーザーは**cronR::cron_add**関数を使って定期実行したい処理を追加します。第一引数はシェルコマンドですが、シェルの知識は必要ありません。**cronR::cron_rscript**関数に実行したいRファイルを指定すればコマンドを自動生成してくれます。このとき、Rファイルは絶対パスで与えてください。相対パスを**normalizePath**関数に与えて絶対パス化しても良いでしょう。

```
# cronRパッケージによる定期実行
cronR::cron_add(
  cronR::cron_rscript(normalizePath("notify_r_books.R")),
  frequency = "monthly",
  at = "8:00",
  days_of_month = 1
)
```

7-6
まとめ

　本章では、データ分析に関係するさまざまな工程の再実行や自動化を支援するパッケージを紹介しました。「tidyverseのないデータ分析は考えられない」、そんな言葉を聞くほどdplyrパッケージやggplot2パッケージは直接的に作業効率に影響します。一方でrenvパッケージを用いたパッケージのバージョン管理など、本章で紹介したパッケージは、なんとなく導入が面倒なうえに導入せずとも分析自体はできてしまうので、後回しにされがちです。しかし、問題が起きてから導入しようとすると、もっと手間がかかります。

- いつの間にかパッケージのバージョンが上がって、renvパッケージでパッケージのバージョン管理をしようにも、過去の結果を再現できるパッケージのバージョンがわからない
- データをキャッシュしたいが、`pins::pin`関数を適用すべき場所を検索する必要がある

　こういった問題は、最初からrenvパッケージやpinsパッケージを導入していれば避けられます。転ばぬ先の杖と思って、使えそうなパッケージから積極的に活用するといいでしょう。

　また、本章で紹介しなかった便利なツールやテクニックにソースコードのバージョン管理や、関数のパッケージ化、分析環境の仮想化があります。

　ソースコードをバージョン管理すると、試しに書いたコードやバグを含むコードを簡単に取り消して、過去のコードを復元できます。また、GitHubやGitLabなどのWebサービスを用いて、ソースコードを保管したり、他者と共同編集することもできます。ソフトウェアとしてはGitを用いるのが一般的です。しかし、Git単体ではコマンド操作を覚える必要があるので、まずはRStudioのGUI経由でGitを使うといいでしょう。uri氏が「RStudioではじめるGitによるバージョン管理」という記事で詳しくまとめてくれています[注28]。

注28　https://qiita.com/uri/items/6b94609f156173ed43ed

関数のパッケージ化には以下のメリットがあります。

- 複数のプロジェクトで関数を簡単に共有できる
- **パッケージ名::関数名**の記法で関数を呼び出せるので、スクリプト上の関数や変数との名前の衝突を回避できる
- パッケージの関数は、スクリプト上で定義した関数より高速に動作する傾向にある[注29]

　パッケージ開発の参考書としては「Rパッケージ開発入門」(オライリージャパン)をおすすめします。2016年出版の訳本で情報の一部が古くなっていますが、基礎は押さえられます。原著の「R packages」は2021年8月現在第二版の執筆がWeb上で進んでいるので、合わせて参考にするといいでしょう[注30]。

　分析環境の仮想化は、Rで使うパッケージのみならず、RやRStudioといった周辺のソフトウェアのバージョンの固定に便利です。代表的なところにDockerというコンテナ仮想化技術を用いるソフトウェアがあります。Dockerでは
Dockerfile中に仮想環境の構築手順を記述し、記述した通りの環境を利用できます。
特にRユーザー向けにはrocker[注31]プロジェクトがあり、さまざまなバージョンのRを使ったDockerfileと構築済みの仮想環境(イメージ)をWeb上で公開しています。中にはRStudio Sereverというブラウザ上で動作するRStudioを組み込んだ仮想環境も用意されています。Dockerの基本的な使い方を押さえておくに越したことはありませんが[注32]、導入さえしてしまえばrockerの利用は公式ドキュメントにしたがって簡単に行えます[注33]。

　このように、分析の再現性・保守性を高める手段はRパッケージに限らず数多く存在しています。本章では手軽に導入できるものから順に紹介しましたが、すでに述べた通り、使えそうなところから積極的に導入してみてください。

注29　Rではパッケージをインストールする際にコードをバイトコードと呼ばれるものにコンパイルし、実行の高速化を図ります。スクリプト上で定義した関数を実行する際も、Just-in-time (JIT) コンパイルという技術を用いてその場でバイトコードを生成し、同じ関数を繰り返し実行する時の速度を向上させます。ただし、Rのセッションごとに一度はJITコンパイルそのものに時間を費やすため、よく使う関数はパッケージ化して事前にコンパイルを済ますと、さらなる高速化の恩恵を受けられます。

注30　https://r-pkgs.org/

注31　https://hub.docker.com/r/rocker/verse

注32　Dockerの導入方法や使い方に関しては多数の書籍が出版されています。「イラストでわかるDockerとKubernetes」(技術評論社、2020)。

注33　https://hub.docker.com/r/rocker/verse

索引

▍著者プロフィール

igjit

note株式会社のエンジニア。データを扱う機能のバックエンドの実装を担当。Rの言語仕様に興味があり、Rで変なものを作るのが趣味。

atusy（安本篤史）

株式会社HACARUS所属のデータサイエンティスト。仕事ではもっぱらPython使い。私事でrmarkdownなどのRパッケージ開発に勤しむ。Rには学生時代に岩石の化学分析結果を可視化する過程で出会った。それまではスプレッドシートに大量のグラフを描き、重要なグラフがどれか見失う、データ追加のたびにグラフの更新作業に時間がかかるといった問題をかかえていた。また、発表資料用の清書も多大な時間を要していた。これらの問題をR Markdownやggplot2との出会いで解決し、データの取得・分析に費やせる時間の確保に成功し、どんどんRに惚れていった。

hanaori（澤村花織）

エンジニア。note株式会社でユーザー向けの機能開発やデータ基盤の構築に従事。業務では主にRuby on RailsやGolangなどの言語を使用しており、Rはプライベートでよく活用している。社会人になり統計学と出会うとともにRにも出会う。Web上からのデータ取得や加工、可視化などが驚くほど簡単にできるRに親しみと感動を覚える。

■ Staff

装丁・本文デザイン●徳田 久美（トップスタジオデザイン室）

DTP ●株式会社トップスタジオ

担当●高屋 卓也

Rが生産性を高める
アール　　せいさんせい　　たか

データ分析ワークフロー効率化の実践
ぶんせき　　　　　　　　　こうりつか　　じっせん

2022 年 2 月 8 日　　初版　第 1 刷発行

著　者　igjit, atusy, hanaori
イグジット アッシ ハナオリ

発行者　片岡　巌

発行所　株式会社技術評論社
　　　　東京都新宿区市谷左内町 21-13
　　　　電話　03-3513-6150　販売促進部
　　　　　　　03-3513-6177　雑誌編集部

印刷／製本　日経印刷株式会社

定価はカバーに表示してあります。

ISBN978-4-297-12524-0　C3055

Printed in Japan

■お問い合わせについて

　本書についての電話によるお問い合わせはご遠慮ください。質問等がございましたら、下記まで FAX または封書でお送りくださいますようお願いいたします。

【宛先】
〒 162-0846
東京都新宿区市谷左内町 21-13
株式会社技術評論社
「Rが生産性を高める」係
FAX　03-3513-6173
URL　https://gihyo.jp

　FAX 番号は変更されていることもありますので、ご確認の上ご利用ください。
なお、本書の範囲を超える事柄についてのお問い合わせには一切応じられませんので、あらかじめご了承ください。